优雅的女人
在岁月中修养自己

莘　子　编著

吉林文史出版社

图书在版编目（CIP）数据

优雅的女人在岁月中修养自己 / 莘子编著. -- 长春 : 吉林文史出版社, 2020.5

ISBN 978-7-5472-6842-1

Ⅰ. ①优… Ⅱ. ①高… Ⅲ. ①女性—修养—通俗读物 Ⅳ. ①B825.5-49

中国版本图书馆CIP数据核字(2020)第056787号

优雅的女人在岁月中修养自己

YOUYADENÜRENZAISUIYUEZHONGXIUYANGZIJI

编　　著　莘　子

责任编辑　张雅婷

封面设计　末末美书

出版发行　吉林文史出版社有限责任公司

地　　址　长春市福祉大路5788号

电　　话　0431-81629353

网　　址　www.jlws.com.cn

印　　刷　三河市刚利印务有限公司

开　　本　880mm × 1230mm　1/32

印　　张　4

字　　数　80千

版　　次　2020年5月第1版　2020年5月第1次印刷

定　　价　19.80元

书　　号　ISBN 978-7-5472-6842-1

前 言

\PREFACE\

女人不一定要美丽，但一定要有气质。对一个女人而言，有气质远远胜于外表美丽。外表的美丽就如同昙花一现般稍纵即逝，然而气质却是伴随女人一生的资本，它可以通过后天的努力培养出来。所以，一个女人自身的气质如何，完全是把握在自己手中的。

那么，什么样的女人才算得上是有气质的女人呢？罗曼·罗兰说过：“气质是很抽象的东西，但是它给人的印象却非常明显。”气质是一种内在的修养，它是思想内涵的体现，体现出了超凡脱俗的“女人味”。在女人的成长过程中，气质会融入个性，并不断地更新，最终造就女人与众不同的韵味。气质是一种智慧，它在细节中对女人本身进行着雕塑，让女人散发出迷人的味道，拥有持久的魅力。她们不仅仅是如诗如画的女人，更重要的是她们已学会如何绘织如诗如画的风景。气质女人不依附男人，不脱离女人本质，在自己能力范围之内尽量做得更好；气质女人拥有独立的思考能力，拥有美好的理想，也有为这个理想不断付出、持续前进的激情。

气质可以决定女人在公众心目中的形象，是女人在现代生活的各个领域中获得成功的必要前提。气质是女人获得幸福的资本，在很大程度上决定了女人一生的幸福。现代女人，既要温柔，又要坚强；既要注重内在修养，又要注意外在打扮；既要有幸福的家庭，又要有成功的事业；既要奉献，又要善待自己……这些都需要女人在现实生活中不断修炼自己的气质。只有发掘出属于自己的独特魅力，女人才能找到通往幸福的路，拥有完美的人生。

如何才能让自己拥有超凡脱俗的气质呢？女人的气质模仿不来、着急不得。它不同于时尚，时尚可以追、可以赶，可以花大钱去“入流”；气质比时尚更恒久，它是一种文化和素养的积累，是修养和知识的沉淀。许多女性将希望寄托于一些教女性如何拥有完美气质的书上，但有的书所教的不过是如何抛弃自我原有性格去取悦男人。在这样的教育中，女性对这个世界的认识永远都是通过男人的观点来进行的，女性的行为、女性的审美标准都是从男性偏好的角度来描述的。女性要想走出被男性眼光左右的桎梏，成为真正的气质女人，不妨翻开这本书。

目 录
\CONTENTS\

第一章

你不是别人的公主，要做自己的女王

“安稳”不是女孩最好的归宿

西方有句名言：“一个人的思想决定一个人的命运。”做任何事都寻求安全感，不敢挑战和冒险，是对自己潜能的否定。与此同时，安全感会使你的天赋被削弱。

如果女人能够突破“安稳”这一关，在二十几岁的最佳年龄开始奋斗，命运就可能会有很大的改变。

香奈儿是一个传奇，她从来就不是一个安于现状的人。她的名字后来成为西方女性解放与自然魅力的代名词。香奈儿年轻时是巴黎一家咖啡厅的卖唱女，经历了一次失败的感情。但她没有就此沉沦下去，而是想尽办法开了一家时装店，在她的努力经营下，她的服装进入了巴黎的上流社会。

对于浮夸与矫情的上流社会来说，香奈儿的礼服是玛戈皇后装的翻版。香奈儿和她的服装都很怪异，但也充满了致命的吸引力。有一次，她的长发不小心被烧去几绺，她索性拿起剪刀把长发剪成了超短发。在她剪了短发后的第二天，巴黎贵妇们纷纷找到理发师给她们剪“香奈儿发型”。无论是香奈儿的香水还是香奈儿的服装，真正的魅力在它们的创造者身上。

30岁以后的香奈儿还清了开店欠的钱，她独立了。从1930年一直到去世，她都独自住在巴黎丽兹酒店的顶楼上。她是世界上最著名的服装设计师之一。

每天晚上睡觉的时候，她唯一需要确定的是：那把心爱的剪刀是否放在床头柜上。她说：“上帝知道我渴望爱情，如果非要我选择，我选择时装。”

香奈儿给女人们的忠告是：“也许我会令你感到惊讶，但归根结底，我认为一个女人若想要快乐，最好不要遵从陈腐的道德。做出这种选择的女人具有英雄的勇气，虽然付出孤独的代价，但孤独能帮助女人找到自我。我爱过的两个男人从来不了解我。他们很有钱，却不曾了解女人也想做些事。忙碌起来能使你的分量加重。我很快乐，但几乎没人知道这一点。”

在她最后的日子里，她说：“由种种事情来看，我的一生完全正确，我没有丈夫、孩子，但我有一堆财富。”

不安于现状给了香奈儿成功的灵感和动机，让香奈儿走出了“安稳”的牢笼，创造了一个经典的品牌。每一个女人，不管你的外表是美丽还是普通，也不管你是聪明还是愚笨，都要凭着自己的努力去过自己想要的生活，不要被“安稳”的陷阱温柔地杀死。多一些冒险精神，做一个独立的个体，经济独立、事业有成，这样的女人永远自信快乐。

想要什么，就要自己去争取

罗马纳·巴纽埃洛斯是一位墨西哥姑娘，她16岁就结婚了。接下来的两年里她生了两个儿子，之后丈夫离家出走，罗马纳只好独自支撑家庭。但是，她决心谋求一种令她自己及两个儿子感到体面和自豪的生活。

她用一块普通披巾包起全部财产，跨过里奥格兰德河，在得克萨斯州的埃尔帕索安顿下来。她在一家洗衣店工作，一天仅赚1美元，但她从没忘记自己的梦想，她要摆脱贫困过上受人尊敬的生活。于是，口袋里只有7美元的她，带着两个儿子乘公共汽车来到洛杉矶寻求更好的发展。

她先是做洗碗的工作，后来找到什么活就做什么。她拼命攒钱，直到存了400美元后，便和她的姨母共同买下一家拥有一台烙饼机及一台烙小玉米饼机的店。

她与姨母共同制作的玉米饼非常成功，后来还开了几家分店。直到最后，姨母感觉工作太辛苦了，便把股份卖给了她。

不久，她经营的小玉米饼店成为美国最大的墨西哥食品批发店，拥有员工300多人。在她和两个儿子经济上有了保障之后，这位勇敢的年轻妇女便将精力转移到提高美籍墨西哥同胞的地位上。

“我们需要自己的银行。”她想。后来，她便和朋友在东洛杉矶创建了“泛美国民银行”。这家银行主要是为美籍墨西哥人所居住的社区服务。如今，这家银行的资产已增长到2200多万美元。

但起初，抱有消极思想的专家们告诉她：“不要做这种事。”他们说：“美籍墨西哥人不能创办自己的银行，你们没有资格创办一家银行，也永远不会成功。”

“我行，而且一定要成功。”她平静地回答。

她与伙伴们在一个小拖车里创办起他们的银行。可是，到社区销售股票时却遇到另外一个麻烦：因为人们对他们毫无信心，所以他们向人们兜售股票时遭到拒绝。

他们问道：“你怎么可能办得起银行呢？我们已经努力了十几年，总是失败，你知道吗？墨西哥人不是银行家呀！”

但是，她始终不肯放弃自己的梦想，始终努力不懈。这家银行取得伟大成功的故事在东洛杉矶已经传为佳话。后来她的签名出现在无数的美国货币上，她也因此成为美国第三十四任财政部部长。

通过上面这个故事，我们可以看出，在女人成就梦想的路上，总是会遇到很多的困难，也经常会有人提出异议。可是，只要我们勇敢地喊出自己的目标，并且拿出勇气应对一切困难和挫折，那么，我们就能克服困难，实现自己的目标。

当然，社会的发展还没能让我们摆脱“淑女”的枷锁，女人像男人一样在社会上打拼，常常会让身边的人感到不解。但是，周围的一切不过是社会给予女人的“精神牢笼”，只有勇敢地打破它，女人才能获得自由和快乐。

特立独行的你最美

成功女性往往都具有独特的个性，无论是穿着打扮、言谈举止，还是思维方式、处世风格，都与众不同。正是因为有了这许许多多的“不同”，才孕育出她们的成功。因此，每个想要成功的女性，都应该坚守自己的个性，保持自己的本色。

“保持本色的问题，像历史一样的古老，”詹姆斯·高登·季尔基博士说，“也像人生一样的普遍。”不愿意保持本色，是很多精神和心理问题的潜在原因。保持自我的本色及以自身的创造性去赢得一个新天地，是有意义的。你和我都有这样的能力，所以我们不应再浪费时间，去怀疑自己不如他人。

在每一个女人的成长过程中，她一定会在某个时候发现，羡慕是无用的，模仿也就意味着不会有进步。不论好坏，你都必须保持本色。个性是一笔财富，一种可爱的个性，会让你受益无穷。

“尺有所短，寸有所长”，各人有各人的优势和长处，没有必要拿自己去和别人对照，更没有必要通过有意的对比给自己制造压力。

个性就是特点，特点就是力量，力量就是美。

外表要温顺，内心要强大

2004年3月8日晚上，中央电视台播出的《半边天》节目对6位女性做了访谈。

第一位是一个阿姨——王自萍，54岁。但是她的状态，也可以说是心态，丝毫不亚于年轻人，甚至强过有些年轻人。她的乐观、自信、热情，瞬时感染了现场及电视机前的观众，也让人们羡慕不已。她是退休后闯北京的，在这之前，她坚决地结束了一段不幸的婚姻。到了北京，种种努力自不必说，她终于做上了一家会计师事务所的经理，通过了三项难度非常大的资格认证考试。工作之余，她有着同样精彩的业余生活。她的幸福是每个人都可以感受到的，我们从她风趣的话语中知道了她的幸福的来源——坚强。

还有一个残疾姑娘，她身上所拥有的自信同样让她光彩照人。她来自石家庄，尽管残疾，但她是个不服输的人。为了做一名职业歌手，她坐着轮椅来到了北京，她要实现自己的梦想。

设想，一个四肢健全的外乡人要到北京生活，都有那么多的困难，何况她一个残疾人。她有一千个不会成功的理由，但有一千零一个成功的理由。她现在是一名签约歌手。这一千零一个理由便是永不放弃。主持人问："上天为什么要给你一个这样的命运？"她说命运只是要她活得更艰难一点儿。她在地下通道里的歌声嘹亮而高亢，远远地听去，就像是对命运的宣战。坚强是她的武器，任何困难都不能阻挡她前进。

第三位是云南昆明一家饭店的老板，她手下有200余名员工，有2000多平方米的大楼。主持人关于她身家的渲染并没有引来多少人的羡慕，大家的注意力很快被她的叙述所吸引。她有一个不幸的童年，险些被母亲以400元的价钱卖掉，从此她与母亲断绝了关系。这之后便是如何努力，如何奋斗，才有今天的成就。在她身上，洋溢的依然是“坚强”二字。

人生不可能一帆风顺，所以人自从有自我意识的那一刻起，就要有一个明确的认识，那就是人的一辈子必定有风有浪，不可能日日是好日、年年是好年。当遇到挫折时，不要觉得惊讶和沮丧，反而应该将其视为理所当然，然后冷静地看待它并解决它。

学会说“不”，没主见的女人往往没自尊

在与人交往的过程中，我们经常会遇到很多自己不愿意做的事。这时，只要我们说出一个“不”字，也许就能轻松、坦然了，但有些人就感觉这个“不”一字千金，憋足了劲也说不出口，结果苦了自己，也苦了别人。所以，该说“不”时，我们要毫不犹豫、斩钉截铁地说“不”。

我们身边常有这样的女人，她们一味地照顾别人的感受，凡事都习惯于说“Yes”，经常给别人面子，认为那是对别人的一种尊重。然而，有时候不拒绝也还是得不到别人的尊重。聪明的女人应该学会如何果断地拒绝。

敢于说“不”的人是果断的人，这类人做起事情来不会拖泥

带水、犹豫不决；敢于说“不”的人是有主见、有魄力的人。当然，随意说“不”的人也可能是轻率、怕负责任的人。我们需要的是在慎重考虑、权衡利弊以后的断然否决。敢于说“不”是需要勇气的，很多不敢说“不”的人往往缺乏勇气，顾虑太多。

敢于说“不”是一种人格魅力，它能给自己树立一个硬朗的形象。因为敢于说“不”是对自己负责，也是对别人负责。

你不需要活在别人的认可里

我们都欣赏这样一类女人——她们无论在任何情况下，都对自己的美丽深信不疑。有些时候，别人的建议再好也权当参考，你要按照自己的方法去思考和行动。毕竟有些事情自己是当事人，自己更清楚应该怎么做。现在的你也许无法完全摆脱对别人的依赖，但只要你下定决心，总有一天能够自己果断地做出正确的决定。

有个女明星在一次访谈时说：“以前我很辛苦，因为我太在乎别人的感觉，太在乎其他人怎么看我，所以，我很多时间都要去想别人怎么看我，总想做得面面俱到，最后，把自己弄得很辛苦。现在，我开始跟着感觉走，也能比较清楚地表达我的看法。我只是想活得轻松一些，不要那么辛苦。”

如果你期望人人都对你感到满意，你必然会要求自己面面俱到。你可以努力去尽量适应他人，但你能做到完美无缺、让人人都满意吗？显然不可能！这种不切合实际的期望，只会让你背上沉重的包袱，让你因此顾虑重重，活得很累。懂得享受自己的生活，不受别人的消极影响，不管别人如何评论你，只要你自己觉得高兴、满足、自得其乐，你的生活就是幸福的。

我们周围的环境是错综复杂的，我们所面对的人和事总是多方面、多角度、多层次的。别人对你的看法大多有一定的原因和道理，但不可能完全反映你的本来面目和完整形象。

我们永远都不要跟自己较劲。过分强调别人的看法，只会徒增烦恼。最重要的莫过于自己的体会，把那些不相干的议论丢到一边，学着做一个有主见的女人，重新回归自我，你才能真正快乐起来！最后，我很想把这一句话送给大家："人生短短数十载，最要紧的是满足自己，不是讨好他人。"所以，我们千万不要迷失在别人的眼光里。

笑到最后才能笑得最好

如果世界上只有一种人可以获得成功，那他一定是坚持到底、执着追求自己理想的人。

女人从最初的意气风发，渐渐走进生活的围城，失去快乐的笑声。有许多女性做事都是半途而废，总是不能坚持到最后。许多年轻的女性都似乎有着这样的问题，就是凭一时冲动想干什么，就急不可耐地立即去干，可热度还未持续多久，兴头过了，就说什么也不再干了。这是一个极其严重的毛病，它令有些女人失去定性。女人若凡事轻率鲁莽，最后只能导致疲惫与倦怠，在生活中苍老得很快。只有坚持到最后的人才能获得胜利。

生活中总有许多不如意的事情。年轻女人初出茅庐，碰壁的可能性更大。但我们要学会坚持，在生活、工作中坚持微笑着面对困难。考研不成功，我们可以总结经验教训继续努力；工作不如意，那是我们走向成功的必经之路，继续坚持，总会走出职场困境；感情上的倦怠期，其实是因为双方开始互相了解，并且把自己的全部展现给对方的一种过程，俗话说“夫妻吵架床头吵床尾和”，何况无伤大雅的小吵还是增进感情的良药……

所以，我们不必为一些小问题而苦恼，坚持用微笑面对，一切问题都不再是问题，我们也能够笑到最后。

培养进取心，让智慧不断升级

“打工皇后”吴士宏其貌不扬，却名声在外。她是第一个成为跨国信息产业公司中国区总经理的内地人，是当时唯一一个取得如此业绩的女性，也是唯一一个只有初中文凭和成人高考英语大专文凭的总经理。

她是如何取得这份不平凡的成功的呢？用她自己的话说，就是一份野心、两份努力。“没有一点儿雄心壮志的人，是肯定成不了什么大事的。”吴士宏生于20世纪60年代，十几岁时的她一无所有。1979年，吴士宏得了白血病，经过一次又一次的化疗，她的头发几乎掉光。大病过后，她才恍然觉得，自己的生命必须重新开始，因为生命也许留给她的时间并不宽裕了。就是从那时起，吴士宏开始萌发了一个想法：要做一个成功的人。从此，吴士宏以顽强的毅力开创起自己的新生活。

她仅仅凭着一台收音机，花了一年半时间学完了许国璋英语三年的课程，拿到了走向新生活的“入门证”，并开始谋求一份新的职业。在自学考取的高考英语专科的毕业前夕，她以对事业的无比热情和非凡勇气通过外企服务公司成功应聘到IBM公司，而在此前，外企服务公司向IBM推荐过好多人都没有被聘用。

吴士宏虽然没有高学历，也没有外企工作的资历，但她有一个信念，那就是：“绝不允许别人把我拦在任何门外！”面试那天，吴士宏来到了五星级标准的长城饭店，坚定地走进了世界最大的信息产业公司IBM公司北京办事处。吴士宏顺利地通过了笔试和口试两轮严格的筛选，成了这家世界著名企业的一个普通的员工。

在IBM工作的早期，吴士宏扮演的是一个微不足道的角色，她沏茶倒水，打扫卫生。她曾感到非常自卑，连触摸心目中的高科技象征的传真机都是一种奢望。但她还是为身处这个安全又能解决温饱的环境而感宽慰。

然而，这种内心的平衡很快被打破了，在那样一个工作环境中，由于学历低，她经常被无理非难。她曾被门卫故意拦在大楼门口，也曾被人侮辱为“办公室里偷喝咖啡的人”。她内心充满了屈辱，但却无法宣泄。她暗暗发誓：“这种日子不会太久的，我绝不允许别人把我拦在任何门外。”事后吴士宏对自己说：

“有朝一日，我要有能力去管理公司里的任何人。”为此，她每天比别人多花6个小时用于工作和学习。经过艰辛的努力，吴士宏成为同一批聘用者中第一个做业务代表的人；继而，又成为第一批本土经理，第一个IBM华南区的总经理。

之后成为TCL信息产业集团总经理的吴士宏，已经不再是那个可以被流言蜚语随意中伤的弱女子，她已经在与命运的斗争中练就了更加坚毅的性格。

人生旅程就是一段漫长的奋斗过程，就是一段自我创造、自我完善的过程。每个人都在自己的生活道路上撰写着自己的人生篇章，只有那些经历过风吹雨打、体验过失败的考验的人生著作，才是最好的著作。

我们可以这样认为，一个人在社会大舞台上的活动越是频繁，他对社会的价值就越大，他的人生也就越有意义，他的生活就越精彩。亲爱的女性朋友们，你想活得更精彩吗？用十二分饱满的精力和毅力投入你所做的事业上，不断进取，胜利正在你面前向你招手！

第二章

能做精致女人，就不要选择平庸

品位是时间打不败的美丽

每个女人都渴望成为一个有品位的人，因为真正的品位，会使终日沉闷的生活闪闪发亮。执着于品位的女人是热爱生活的人，追寻有品位生活的女人，绝对是优雅与别致的女人。我们从来不会吝啬把“美女”的头衔给一个女人，但我们很少夸一个女人有品位。

品位是内涵的外在表现。因为一个人的品位，是与环境、经历、修养、知识分不开的。只有有意识地培养良好的修养，积累丰富的知识，才能有充实的内心世界，才能拥有高尚的思想和高雅的品位。有品位的女人是善良、机智的，又是成熟的；她们的知识广博丰富、思想深刻充实、谈吐文雅大方、衣着雅致得体。女人可以容忍男人有种种缺点，却不会容忍男人无所事事。反之亦然，男人可以容忍女人没有工作，没有收入，没有好的家世相貌，但不会容忍一个不学无术的女人是自己的另一半。

而且，不学无术的女人也就失去了自身的魅力，更谈不上品位二字。一个只注重着装打扮的女人是浅薄的，内涵是空虚的，底蕴是单薄的；想要依靠男人的女人是脆弱的，她失去了自我，成为别人手中的玩偶，命运之线也就操控在别人的手中。真正有品位的女人，不会让自己陷入这样的境地。

有品位的女人会用自己的眼睛发现身边的美，并用心去感受它。其实，品位的培养并不复杂，每一个注重细节的女人，都有机会成为有品位的女人。一瓶花、一杯茶、一首歌……都可以在无形中烘托出一个女人的品位。

一壶好茶，能让女人的心更加宁静，散发柔美内涵和女人独有的味道。有时，还能让女人领悟到其他的一些东西。闲暇之余，泡一壶好茶，约二三知己，品一盏香茗，促膝畅谈，只谈风月，无关名利，享受这滚滚红尘中片刻的柔软时光。

厨艺让有品位的女人更幸福。系上漂亮的围裙，绾起缕缕长发，走进温馨雅致的厨房，切丝削片、快炒慢炖之间打点出精致美味，或是煲一锅好汤，与心爱的人一起分享，又何尝不是女人的另一种韵味呢？为了爱，倾尽手艺，烧一桌好菜，更能使女人赢尽爱人的心。

装扮让品位女人更美丽。可可·夏奈尔说："永远要以最得体的打扮出门，因为，也许就在转弯的墙角，你会遇到今生至爱的人。”这可以理解为女人装扮的最高境界：不能放过每个细节，一秒钟都不能懈怠。装扮是女人的第二语言，哪怕不交谈，它也一目了然地告诉别人你的职业、品位、个人气质和文化层次。所以，即使是周末的午后，在阳台的躺椅上小憩，也要穿上雅致的便服。

旅行让有品位的女人更悠闲。对于女人来说，旅行是漫无目的地行走，直到遇到好风景、好人情，再也迈不开步伐。女人的旅行没有计划，没有日程，走到哪里都是欣喜。在日复一日的工作里，也要懂得放下手头的文件，走出去，享受艳阳天，晾晒自己发霉潮湿的心情。在山野的风里自在地呼吸，你会发现世界的美丽。

你的爱好透露你的品位

一个人的爱好是属于自己精神的、内心的东西，爱好能代表这个人的品位如何。人是千差万别的，爱好也会千差万别，所以人的品位也千差万别。要想让别人看到我们良好的品位，就要努力追求一些高品位的东西，不断升华自己的灵魂，培养一些有良好品位的爱好：

1.读书，怡情悦性

腹有诗书气自华。品位虽然是通过一种外在的形式表现出来的，但它与一个人的知识水平、精神面貌、道德修养、审美观念等密切相关。罗曼·罗兰说：“多读一些书，让自己多一点儿自信，加上你因了解人情世故而产生的一种对人对物的爱与宽恕的涵养，那时你自然就会有一种从容不迫、雍容高贵的风度。”

这是一个知识经济的时代，掌握了知识就掌握了改变世界、创造财富的力量。所以成功人士的书架上摆满了各种各样的书籍，虽然这些人中不乏有一些摆样、走形式的“作秀者”，但是也确有人从中吸取知识，为已所用，而这些人在说话办事时，从内到外都透露出一股儒雅的气质和夺人的魅力。

今天，我们不该停止读与自己专业相关的书，也不该连一本有关生命意义的书也不看。

总之，读书可以使人明心、清脑、益智、养气。明心是指读书可以开阔人的心胸，涤荡人的灵魂；清脑是指读书可以拓宽人的思路，开阔人的视野；益智是指读书可以增长人的智慧和才干；养气则是指读书能陶冶人的情操，提高人的自身修养和品位。

2.运动，让你活力四射

人们早已发现，身体健康受损引起的各种生命障碍，皆因人体对外部环境不适应所致。为了保证机体内部与自然界的变化相适应，必须让身体始终处于运动状态中。后来，医学和生理学关于“适者生存”的理论明确地说明：人的健康状况和工作效率，不仅取决于全身各器官、系统的功能和相互协调，而且还取决于整个身体对自然和社会环境的适应能力。

人们都知道运动有助于身体健康，但研究证明人的心理健康状况也受运动的影响。运动塑造良好形象也会让人的内心平和、舒爽。人们日常可从事的运动项目很多，不同的运动项目，对人的心理所起的作用不尽相同。难怪有人说："让身体快乐起来，精神也就会快乐，治疗烦恼的最佳'解毒剂'就是运动。"

适当地运动，可以让你身体各部位都变得健康，能够加快新陈代谢，还能够使你的精神愉悦，进而使你具备非同寻常的形象特点，显示你独特的品位。

总之，一个人的爱好显示了他的品位，而人的品位也体现在人的爱好里。因此，我们更应该注重对兴趣爱好的培养，为我们的品位和形象做一些准备。

良好的教养是品位的前提

良好的教养是品位的前提。良好的教养一般体现在以下这些方面：

1.谈吐有度。注意，不要冒冒失失地打断别人的谈话，先听完对方的发言，然后再去反驳或者补充对方的看法和意见，也不要口若悬河滔滔不绝，不给对方发言机会。

2.态度亲切。懂得尊重别人，在同别人谈话的时候，要望着对方的眼睛，保持注意力集中；不要眼神飘忽不定，心不在焉，一副无所谓的样子。

3.合理的语言表达方式。尊重他人的观点和智慧，即使自己不能接受或明确同意，也不能情绪激动地提出尖锐的反驳，更不应该找第三者说别人坏话，而是陈述己见，讲清道理，给对方以思考和选择的空间。

4.不自傲。在与人交往时，不要凭借自己某一方面的优势而在别人面前有意表现自己的优越感。

5.恪守承诺。要做到言必行，行必果，即使遇到某种困难也决不食言。自己承诺过的事，要竭尽全力去完成，恪守诺言是忠于自己的最好的表现形式。

6.关怀、体贴他人。不论何时何地，对妇女、儿童及上了年纪的人，要表示出关心并给予最大的照顾和方便，当别人的利益和自己的利益发生冲突时，能设身处地地为别人想一想。

7.体贴大度。与人相处时需要胸襟开阔，不斤斤计较、睚眦必报，也不要对别人的一些过失耿耿于怀，更不要嫉贤妒能。

爱因斯坦曾经说过："不管时代的潮流和社会的风尚怎样，人总可以凭着自己高贵的品质，超脱时代和社会，走自己正确的道路。"因此，尽量学习并做到以上七点，做一个有教养的人，你才能成为一个有品位的人，才能使自己的形象光彩照人。

用艺术的情趣去品味生活

人的品位是其气质内涵的外在表现。一个人的品位与其环境、经历、修养、知识是分不开的。只有有意识地培养良好的修养，积累丰富的知识，才能有充实的内心世界，才能表现出高尚的思想和高雅的气质魅力。

品位是真挚的博爱和慈善的宽容，是浓郁的书香和美的诗韵。拥有了品位，你的形象也就拥有了时间打不败的魅力。

现代的生活日益紧张忙碌。但是，紧绷了一天的神经会在艺术的情趣中得到松弛，压抑了数天的情绪会在艺术情趣中宣泄，发自心底的快乐也能在艺术情趣中获得。艺术的美，还能在咖啡牛奶浓浓的香气中带走你的思绪，给创作者以灵感，给奋斗者以希望。那么，哪些事物能体现出艺术的情趣呢?

1.音乐

音乐绝不仅仅是一串单纯的音符，而是一种深蕴着人的精神的文化现象。无论是我国的传统音乐还是西方的古典音乐，我们都可以从中感受到音乐的精神“脉搏”。音乐大师们在五线谱间发出的对天、地、人的畅想，对命运的慨叹，对未来的展望，给懂得欣赏的人们带来心灵的震颤。

音乐是一道美丽的风景，但不是所有人都会欣赏，因为这道风景不是用眼睛看的，而是用心去体会的。音乐就是这样，它有着无穷无尽的、无法用语言描述的“魅力”，你可以在它的世界里，尽情放纵自己的欢笑、自己的泪水，在流动的音符中寻找往昔生活的印迹，编织你七彩的梦，获得心灵超越无限的自由之境。

2.影视

影视作为一种特殊的艺术越来越多地走进人们的生活，成为人们日常生活中一种不可或缺的娱乐方式。随着近几年影视业的繁荣，各种影片接连上映，异彩纷呈，因此，在花样百出的影视节目中有选择性地欣赏才是明智之举，而选择什么则要取决于一个人的个人品位。

一个有品位的人不会整天泡在电视前，这类人看电视时必会讲究一个度，在看电视时也会有所选择。记住：只选可以增加知识、拓宽视野、愉悦身心的节目，不要选那些只会消耗你时间的节目。

善良：魅力女人的底线

有人曾说："女人的美德，应首推善良的心灵。"试想想，一个女人如果心胸狭窄、心地险恶的话，她的外形、声音再美丽，男人也不会长久地欣赏她的。即便开始有人会迫不及待地追求她，但一旦认清她的"庐山真面目"，就会避而远之。

而与一个善良的女人相处，男人不仅无须戒备，而且会特别放松，时不时还会被她的美德善行所感动，除爱情之外，更对她有一份敬意。这样彼此相敬如宾、关爱有加，便铸就了双方感情的铁打江山。

善良的女人，不仅能够做到"己所不欲，勿施于人"，而且还会设身处地为别人着想。如有一位在大城市工作并成家的男士，一次突然接到住在乡下老家父母的信，信中说："家中房屋被洪水冲塌了，好在你及时寄钱来，现在房屋已重新建起来了。”接到这样一封信，他蒙了，因为他不知道家乡遭了灾，更没有寄过钱。一问妻子，她才说：“是我接到的信，就汇款过去了，也忘了告诉你。”她的这一举动，使丈夫感动不已：有妻如此，夫复何求？于是，他在心中暗暗发誓，以后一定好好珍惜爱妻。

善良是魅力女人的底线。只要你有一颗善良的心，便会有夫妻关系的良性循环、家庭关系的良性循环、社会人际关系的良性循环，最终你自己也会获益良多，处于丈夫疼爱、子女敬爱、亲戚朋友关爱的融融乐境之中。这样的女人自然是幸福而富有魅力的。

宽容：女人最有魅力的财富

宽容是一种仁爱的光芒、无上的福分，是对别人的释怀，也是对自己的善待。宽容是一种生存的智慧、生活的艺术，是看透了人生百态以后所获得的那份从容、自信和超然。宽容是一种非凡的气度、宽广的胸怀，是对人对事的包容和接纳。女性的宽容更是一种高贵的品质、崇高的境界，是精神的成熟、心灵的丰盈。

宽容，首先表现在处世上不愤世嫉俗、不感情用事。

生活中，确实存在很多矛盾和困难：物价上涨、住房拥挤、人际关系紧张，还有这个“难”、那个“难”，真让人有点儿喘不过气来。谩骂、生闷气都无济于事，倒给疲惫的身躯又增加了几分新的负担。只要冷静观察，就会发现人们的生活本来就是苦、辣、酸、甜、咸五味俱全。在生活中，我们看不惯的现象有很多，理解不了的现象有很多，让人失望的事情也有很多。但人的能力毕竟是有限的，愤世嫉俗不会改变世态的发展，不会使关系缓和。所以，首先应当适应事件的发展，在适应中发现破绽，掌握改造的契机和应知应会的本领，而不是游离其外去指手画脚。这就是一种宽容的表现，人要顺利走完生命的旅程，就离不开宽容。

其次，宽容体现在对别人的不苛求，“但能容人且容人”。

每个人都有自己的思维、工作、学习、生活习惯，既有其长处，也有其短处。在社会生活中，人们总要同各种各样的人打交道。所以，为了生存和发展，为了事业的成功，我们必须习惯于人际交往，善于同各种各样的人，特别是同能力、天赋等各方面不及自己或脾气秉性与自己不同的人友好相处、协调共事。就是对于有各种各样的缺点和毛病的人，我们也应注意发现其所长，尊重其所长。如果你只注意到别人的缺点，就容易使自己陷入孤立无援的境地。相反，换个角度，多注意别人的好处，用理解、同情和爱心去影响别人，使他既能认识到自己的缺点，又能心悦诚服地改正，你就会处处碰到信赖和爱戴自己的朋友和下属，你的人际关系也会因此得到很好的发展。

当然，宽容不是无条件的，要因人、因事、因时、因地而异，所谓“大事讲原则，小事讲风格”，即是应取的态度。

处处宽容别人，绝不是软弱，绝不是面对现实的无可奈何。在短暂的生命历程中，学会宽容，意味着你的心情更加快乐。宽容可谓女人一生中最有魅力的财富。

第三章

优雅，与年龄无关，与气质有关

怎样做一个优雅女人

要做一个优雅的女人，就必须增长自己的知识，将优雅之树的根深扎在文化的沃土之中，这样才能使它枝繁叶茂。因为优雅的女人，必定是心灵纯净的人，净化心灵的最好办法是吸取智慧，吸取智慧的最好办法则是阅读。“书中自有好风光”“书中自有黄金屋”“书中自有颜如玉”。读万卷书的人，心中不会存有一池污水。知识能够改变命运，同样，知识可以培养女人的优雅。所以，要想做一个优雅的女人，就要多读一些书，不断地充实自己、完善自己。喜欢读书的女人，永远都是不俗的人，只有不俗的人才有资格做优雅的人！

优雅的女人一定要有自己的事业。优雅的女人不是依附的小鸟，不是攀岩的凌霄花。优雅的女人是一只展翅的鲲鹏，是一棵参天的大树，而事业则是这一切的基础。所以，要做一个优雅的女人，必须热爱自己的工作，因为只有热爱自己的工作，才能做好自己的工作。从事自己所热爱的工作是一种幸运，热爱自己所从事的工作是一种幸福。幸运不是每个人都能遇到的，但幸福是大家都可以追求的。优雅的女人一定是幸福的女人，追求幸福就是追求优雅。

优雅还包括一个女性对美的独到的见解和追求。倘若整日衣冠不整，不修边幅，无论怎样也是同优雅联系不上的。所以，优雅的女人，她的着装永远都是不张扬而富有格调的，那感觉就像静静地聆听苏格兰风笛，清清远远而又沁人心脾。

如果说女人似水，那么优雅的女人就可以水滴石穿，用智慧去获得爱与尊严。外在的美随风易逝，肤浅也耐不起寻味，而优雅的女人用丰富的内心世界和对生活的智慧，让自己永远是一棵有风景的常青树。

优雅是可以修炼出来的

渴望拥有魅力的愿望很简单，但真正获得魅力、提升魅力，就需要具备修炼魅力的意识和习惯。形象地说，就是如果你想成为一个魅力女人，你就得把修炼视为一项艰巨的人生工程，天天坚持，苦练不止。

法国女人是公认的全世界最优雅的女人，她们世世代代富有修炼魅力的意识。法国的母亲们非常注重膝下女儿的体态、皮肤、神情、态度，热衷于让女儿参加舞蹈、音乐、表演等艺术方面的学习和训练课程，她们会为孩子们这方面的出色表现感到欣慰和自豪。

一位法国美容专家这样说过：“不要小看一个能够长久保持优美身材的女人，这通常是一个顽强和很有自制力的女人。”这就是说，女人美丽的背后不仅仅是形体的问题，女人提升魅力也不仅仅是漂亮的问题，其中还反映出女性各自的内涵与素养。法国世代相传潜移默化的美育教育，铸就了一代代法国女人的优雅。

漂亮和美丽是通过视觉来感知的，而魅力则是需要用心去体味和感悟的，是女人修炼的结果。魅力是通过不断修炼而不断获得的，每个女人都可以今天比昨天、明天比今天更有魅力。重要的是：你是否认识魅力的重要性，是否愿意不断学习和实践提升魅力的方法，是否能够把提升魅力作为生活的重要内容，并为此做出长期不懈的努力。

优雅的魅力是不会丢弃任何人的，只有我们自己会丢弃它。会不会丢弃关键在于你想不想要，是不是真的想要，是不是真的为之付出了努力。每一个女人都可以去尝试，从今天开始，只要你真的想要，真的努力了，十年后，你一定会比今天活得更精彩，更有魅力，赢得更多的赞誉。

修炼曼妙身材和优雅姿态

曼妙的身材、优美的姿态，是女性美的一种展现，是女性献给生活的一束常开的鲜花。

塑造性感迷人的曼妙身材和优雅姿态，要从举止开始。

良好的姿态能为女人倍添风采。女人以亭亭玉立的站姿、轻盈敏捷的步履、温文尔雅的坐姿为美。亭亭玉立是一种挺拔而不僵硬、柔媚而又富于曲线的娇美姿态，这种站姿能充分体现女性的纤细身材和柔美的曲线，给人以高雅、俊美之感；女性落座，轻盈无声，坐时两腿自然并拢，两手轻放在沙发扶手上或相叠放在大腿上，头部平直，目光平视，充分显示出女人性静、含蓄之美；女人走路，注意轻盈快捷，快抬腿，迈小步，轻落地，使人感到她们是一缕轻柔的春风，妙不可言。

女人能随时随地表现不同的美，也能随时随地毁灭美。愉悦、祥和的表现，优雅自然的体态和漂亮合体的服装，让人觉得她无论是在家中还是在单位都是受到尊敬和爱戴的。而那些虽然穿得很漂亮时尚，可一坐在那里整个人就松松垮垮、一副无精打采的样子的女人，看上去就很不自信。有的女人坐在那里，跷起二郎腿，还不停地抖动，像是一副不耐烦的样子，这样的女人穿着再漂亮的衣服也不会让人觉得美。

做女人，就要做一个美丽、优雅的女人。相貌平平不是做一个美丽女人的绊脚石，真正的绊脚石是我们失当的行为举止。因此，千万不要让这样或那样不雅的动作和举止成为我们的绊脚石。

要避免这些，就应该从平时的一点一滴做起，使自己不但有曼妙的身材，还要有性感优雅的姿态。不管是坐、站、行、走，还是点点头、伸伸腰，都要体现女性的风度，都要能让别人感受到我们女性的美。

用品位做底蕴的女人最优雅

愚钝的女人总是在抱怨：上天是如此不公，为何不将那样的身材与美貌赐予我？而优雅的女人往往是通过后天的努力，让人心服口服的。当女人从表面的美丽，过渡到一种深厚的内在美时，便会呈现出一种升华过后的极致美丽，与从前相比，不可再同日而语。一如水涨船高，是一样的道理。

在一次世界文学论坛会上，有一位相貌平平的小姐端正地坐着。她并没有因为被邀请到这样一个高级的场合而激动不已，也不因为自己的成功而到处招摇。她只是偶尔和人们交流一下写作的经验。更多的时候，她在仔细观察着身边的人。一会儿，有一个匈牙利作家走过来问她：“请问你也是作家吗？”

小姐亲切而随和地回答：“应该算是吧。”

匈牙利作家继续问：“哦，那你都写过什么作品？”

小姐笑了，谦虚地回答：“我只写过小说而已，并没有写过其他的东西。”

匈牙利作家听后，顿有骄傲的神色，更加掩饰不住自己内心的优越感：“我也是写小说的，目前已经写了三四十部，很多人觉得我写得很好，我的小说也很受读者的好评。”说完，他又疑惑地问道：“你也是写小说的，那么，你写了多少部了？”

小姐很随和地答道：“比起你来，我可差得远了，我只写过一部而已。”

匈牙利作家更加得意了：“你才写一本啊，我们交流一下经验吧。对了，你写的小说叫什么名字？看我能不能给你提点儿建议。”

小姐和气地说：“我的小说名叫《飘》，拍成电影时改名为《乱世佳人》，不知道这部小说你听说过没有？”

听了这段话，匈牙利作家羞愧不已，原来她就是鼎鼎大名的玛格丽特·米歇尔。

这就是有品位的女人，她不经意间所流露出来的优雅，让人佩服得五体投地。可见，优雅不是天生的，也不是夸夸其谈地知道几个所谓的时尚代名词就优雅了，优雅是一种气韵、一种坚持、一种时间的考验。

生命如花，女人就是要美丽

如果女人再有机会做选择题，不要选择美貌，因为美貌如花，终有一天会凋谢的。女人要选择的应该是美丽，从美丽的女孩到美丽的少妇，再到美丽的母亲，最后到美丽的老太太。

任何女人都有美丽的权利和机会，美丽的内涵不应仅停留在容貌姣好的层面上，在女人身上，美丽更多时候指的是由内而外散发出的气质和魅力。这是所有女人都能修炼得来的。

不论命运是以悲剧还是喜剧开始，女人的自我塑造才是自己幸福的根源，用爱去塑造，用情去塑造，用一切美好的东西去塑造，就会让自己美丽，让生命美丽。

在这个世界上，的确没有不凋零的花，也没有不老的容颜。女人如花，从含苞待放到鲜艳夺目，再到凋零花谢，这是女人的一生，但这并不意味女人的美丽就是那短暂的一瞬。如果女人总能想着在生命中留下善良、自信、坚忍、独立、修养、个性等方面的明显痕迹，那么她的生命就会一直美丽着。

女人生命如花，更要常葆美丽。

优雅的气质来自完美的内心

孔雀常为自己有一身美丽的羽毛而得意，它认为自己可与人类的皇后相媲美。遗憾的是，鸟类中几乎没谁把它当成最有气质的皇后来看待。

一天，有只鹤刚好经过孔雀身边。

“喂，你就不能停下脚步看我一眼吗？”正在开屏的孔雀喊住了步履匆匆的鹤。

“对不起，还有很多事等着我去做，我没时间欣赏你的羽毛。”鹤说完，又迈开了大步。

孔雀却拦住了鹤的去路，并嘲笑它，讥讽它灰白色的羽毛，说：“我的衣饰像个皇后，不仅有金色还有紫色，还具有彩虹所有的色彩，而你呢，你的翅膀上连一点儿彩色也没有。”

“这一点儿都不错，但是我一飞上天，声音闻于星空，而你却只能在地下来回闲逛。”

孔雀因为有一身漂亮的羽毛，就理所当然地认为自己最高贵、最有气质。它趾高气扬地去嘲笑鹤，却不知道气质来自内在心灵而不是外表、衣饰。气质是一种内在的自然表现。

那么，什么样的人才是具备优雅气质的人呢？

1.装扮得体、举止大方

不可能每个人都拥有美貌。如果你的长相并不十分出众，那你就要懂得改变自己，弥补自己的先天不足，通过服装、发型等把自己装扮得体，显示出你特有的魅力。在言谈举止中要落落大方，既有女性的温柔，又有高雅的气质。人的高贵并非指要出身豪门或者本身所处的地位如何显赫，而是指心态上的高贵。高贵的人往往会给人生活的信心和勇气，因为他们生命里潜存着一种净化心灵、激励斗志的人性魅力。他们不媚俗、不盲从、不虚华，最让人欣赏。

2.富有同情心

优雅的人都有同情心，对弱者或是受到委屈的人们总会表示同情，并理解他们，给他们以适当的安慰和帮助。

3.心地善良、宽容待人

善良是人的特性。假如你有一颗善良的心，并且待人宽厚，从不苛求他人，而且经常帮助一些需要帮助的人，那么，即使你不是很漂亮，你不俗的优雅气质依然会让人心动。

4.健康、开朗、乐观

身体是生活的本钱，只有健康才能让自己活力四射，趋于完美。优雅的人开朗乐观，遇到挫折时敢于认真面对，用他的韧性，在克服困难的过程中寻求属于自己的幸福。

5.有理想和自信

优雅的人对未来有着崇高的理想，他们追求事业上的成功，用充满自信的目光看待每一件事和每一个人。人们往往也更欣赏这种乐观自信的人。

6.兴趣广泛

优雅的人有着广泛的兴趣爱好，并能持之以恒。

人的美丽在于心灵之美。试问有哪个人不想成为优雅的人？那就从现在做起，丰富你的内心，塑造你的气质，做个优雅的人，打造良好的形象，让自己散发永久的魅力。

笑得优雅，是种境界

只要活着、忙着、工作着，就不能不微笑……爱笑的女人就是降落人间的天使，给凡间带来美丽无数。

日本一位著名造型师在他的一本书中收集了几十位他认为很美的女性的头像，各个年龄段的都有，而她们的共同点是都展示给读者一张灿烂的笑脸。

一位学者说："对人笑是高超的社交技巧之一，也是获得幸福的保障。”

一项调查询问数百位男士：“你最喜欢的女人脸部表情是什么？”答案大多是：微笑。

津巴布韦的乔伊夫人在巴克莱银行负责公共关系，她的办公桌就放置在银行大门内进口处的右边。她总是面带微笑，不厌其烦地解答顾客遇到的各种问题。在她的办公桌上，有一篇用镜框镶起来的题为《一个微笑》的箴言：“一个微笑不费分文但给予甚多，它使获得者富有，但并不使给予者变穷。一个微笑只是瞬间，但有时对它的记忆却是永远。世上没有一个人富有和强悍得不需要微笑，世上也没有一个人贫穷得无法给予别人微笑。一个微笑为家庭带来愉悦，在同事中产生善意。它嫣然地为友谊传递信息，为疲乏者带来休憩，为沮丧者带来振奋，为悲哀者带来阳光，它是大自然中去除烦恼的灵丹妙药。然而，它买不到，求不得，借不了，偷不去。因为在被赠予之前，它对任何人都毫无价值可言。有人已疲惫得再也无法给你一个微笑，请你将微笑赠予他们吧，因为没有一个人比无法给予别人微笑的人更需要一个微笑了。”

然而，许多人在生活中感到压力太多，时常有累的感觉，以致很少露出笑容。

命运从指缝间匆匆淌过，不能猜测也不能确定它的走向，于是，有些人就深刻地痛苦着，就愁眉苦脸地啜饮着痛苦。

但是，明智的女人应该选择微笑着面对生活。

女人的高品位应该是一种综合的美，笑是一种恬淡、一种自信、一种活力、一种执着，笑是女人自信的翔舞，笑是女性真诚的欢歌！当遇到困难的时候，请你笑一笑；当不安掠过你的心灵时，请你笑一笑；焦躁的时候也笑一笑；在一天之内如果你犯下了愚蠢的错误，也请你笑一笑，将它忘掉；当你因不高兴而板着面孔时，也请你一笑了之。

第四章

想要从容精装过一生，就不能随便放松

善用女人的资本为自己谋幸福

语言作为女人的武器，不仅可以帮助女人战胜自己的竞争对手，在激烈的竞争中脱颖而出，而且还可以使女人在危险的环境中占据主动，化险为夷。

出色的语言能力决定了女人更适合与人交谈，无论是和一般的朋友聊天还是严肃的商业谈判，女人往往都能够占据主动，顺利实现自己的交流目的。而有了这一保障，女人完全也能像优秀的男人一样，在职场中得心应手，在家庭关系中如鱼得水，在人际交往中左右逢源。

在语言能力和感觉能力上，男人在女人面前往往会自愧不如，但在思维能力上他们却颇为自信，有些男人甚至偏激地认为女人根本就不会思考。的确，如果论及思维的深度、专注程度、空间能力、逻辑能力等，一般女人是不如男人；但是从思维的多向性和想象力看，男人不如女人。女人可以同时做几件互不相关的事，还能不出错，男人却不行，他们一次只能专注于一件事。在那些需要发挥创造性的领域，女人往往会表现得更加出色。

受天生的组织才能影响，女人还有着不俗的规划能力，这一点在家庭生活中就可以体现出来——结婚生子之后，生活不断发生变化，但是女人的生活从来都没有陷入混乱之中。从这一点看，女人也完全有能力胜任统揽全局的工作。

女人天生是尤物，这不仅仅体现在视觉上的审美优势，在能力上，女人也拥有男人不可匹敌的优势。这些优势女人如果利用好了，不但能克制住男人，也能让女人像男人一样潇洒豪迈地游走四方。

为了幸福勇敢地做出改变

拥有自我、尊重内心需求并尽力满足它们的女人，一定是无所顾忌，敢想、敢说、敢做的勇敢女人。就像南丁格尔，她之所以能放弃原本优渥的生活成为女护士，就在于她敢拒绝接受父母的意愿，拒绝接受“前途光明”的婚姻。就像著名的梅厄夫人说的：“人的一生中没有什么东西是生来就有的。仅仅靠信仰的力量是不够的，还必须具有克服障碍和敢于战斗的力量和勇气。”

但是很多女人却不这样做。不是因为她们伟大无私，而是因为她们不自信。不自信的女人总会心怀种种担忧，怕这怕那，总认为少了对别人的依赖自己就活得不好，于是就选择丢弃自我，百般地讨好别人。一旦出现自己应付不了的局面时，就更会感到不安，从而以自己的退让来息事宁人。这样的女人实在须要做出彻底的改变了。

在开始的时候，你的改变一定会引来别人异样的目光和对抗的态度。他们会质疑你、责备你，甚至排挤你，与你决裂。这些都很正常，毕竟你的勇敢抗争——小羊羔变成了一头狼，会让他们的利益有所损失。让他们马上接受一个不一样的你是件很困难的事，他们还没做好充分的心理准备。

但对于勇敢的女人，这算不上什么。因为谁都没有办法左右别人的感受，也不可能对所有人的感受都负责，你尽力了就好，更重要的是不要让自己留有遗憾。随着时间的推移，随着你的改变，当你过得越来越好，那时他们不认可也得认可。

也许你会认为保持目前平静的生活很好，至少可以避免使自己陷入被孤立的境地之中，但你有没有想过，如果你一直不正视自己内心的想法，忽视自己的感受，那你就永远都不可能获得真正的幸福和快乐。

究竟是继续委曲求全、假装平静，还是掀起一场狂风暴雨之后获得真正的平静，就要看你自己的选择了，你的命运会因为你的不同选择而走向不同的方向。

永葆你的别样风情

卡耐基认为，这样一种女人最具魅力：她们聪明慧黠、人情练达，超越了一般女孩子的天真稚嫩，也迥异于女强人的咄咄逼人。她们在不经意间流露出柔和知性魅力的同时，也同人群保持若即若离的距离。

做人群中最耐看的风景

英国作家毛姆曾经说过："世界上没有丑女人，只有一些不懂得如何使自己看起来美丽的女人。"现代女性早已经学会在繁忙和悠闲中积极地生活，懂得如何读书学习，也懂得开发自身的潜能，从而使自己的女性魅力光芒四射。

很多男人在言语行文中流露出一种对知性女人心驰神往却又可望而不可即的无奈与惆怅，在他们眼中，这一类女人人间难求，绝对不是俗物。事实上，"知性女人"是食人间烟火的俗人，她们同样离不了油盐酱醋茶，同样要相夫教子，因为只有大俗方能大雅，只有这样才是完美女人。

在卡耐基看来，知性女人的优雅举止令人赏心悦目，她们待人接物落落大方；她们时尚、得体、懂得尊重别人，同时也爱惜自己。知性女人的女性魅力和她的处世能力一样令人刮目相看。

在卡耐基眼里，灵性是女性的智慧，是包含着理性的感性。它是和肉体相融合的精神，是荡漾在意识与无意识间的直觉。灵性的女人有那种单纯的深刻，令人感受到无穷无尽的韵味与极致魅力。

具有弹性的性格

弹性是性格的张力，有弹性的女人收放自如、性格柔韧。她非常聪明，既善解人意又善于妥协，同时善于在妥协中巧妙地坚持到底。她不固执己见，但自有一种非同一般的主见。男性的特点在于力，女性的特点在于收放自如的美。其实，力也是知性女人的特点。唯一的区别就是，男性的力往往表现为刚强，女性的力往往表现为柔韧。弹性就是女性的力，是化作温柔的力量。有弹性的女人使人感到轻松和愉悦，这类女人既温柔又洒脱。

真正的智慧女性具有一种大气而非平庸的小聪明，是灵性与弹性的结合。一个纯粹意义上的“知性”女人，既有人格的魅力，又有女性的吸引力，更有感知的影响力。她不仅能征服男人，也能征服女人。

我们可以这么说，魅力实际上是一种无形的吸引力，是人类社会中各种交往活动不可缺少的条件，也是由心理、社会、文化、习惯经验等诸多因素相融合的统一体，并在人际交往中得以充分表现。魅力包含着深厚而丰富的心理内容，是一种人格特征，是人们心理机制与外在行为的完美统一，也是人际间评价美的唯一标准。

展现女人的性感

卡耐基曾说过一句经典的话：“我认为女人的性感并不是如何去吸引男人，而是凭借自身的无穷魅力将其发挥到极致。吸引男人的目光并不十分重要，只有吸引男人们的心才是完美地诠释了性感。”

一直以来，性感的女人被喻为一朵欲望之花，能够迷惑男人的眼睛，在任何场合，性感女人都会散发出不可阻挡的光芒。不同的女人有不同的味道，很多男人认为性感的女人是最有女人味的。

那么，究竟什么是性感呢？性心理学研究表明，男人心目中的性感，除了女性的性特征和自信心、懂幽默、爱浪漫、刺激及冒险外，原来还有一些比较虚无抽象的元素，其中的神秘感就是另一个性感元素。电影史上的性感明星如玛琳·黛德丽、碧姬·芭铎等，哪个没有深不可测的神秘眼神？女人在自己喜欢的男人面前，千万别尽情流露、肆意表现，要给对方留有揣摩与想象的空间。留有余韵也是展现神秘感的一种手段，总之，就是不要完全满足对方的好奇心。

现代的性感早已超越视觉、身材或是暴露多少的范围，如花一样灿烂的笑靥、天真或带媚态的眼波、沉溺于思考或想象时忧郁而出神的神态，都是内敛的性感。性感女人无奈和惊叹时的扬眉嘟嘴、不经意地自我触摸都是最销魂蚀骨的小动作。

性感本身就是女性的天赋条件。女性刚醒来时的惺忪睡眼、喝酒后的微醉与一脸绯红何尝不性感？而这正是构成美感的元素，故性感无须刻意追求，性感原本就是上帝烙在女人骨子里的性磁力，女人只需自信地彰显自己，别人自然而然就会感受到你的性感了。

永葆女人味

每个女人都希望自己青春永驻，但我们最终都会老去。但所幸，女人即使没有青春，还有精神，还有女人味。女人味是一种恒久的魅力，与年龄无关，与身份与关，女人身上的女人味永远散发着引人入胜的魅力。

青春无法把握，失去了无须懊悔，但女人味却是一种精神，把它丢失了就是一个女人最大的悲哀！青春少女是一首浪漫的诗歌，节奏明快，旋律优美，恰似春光明媚；成熟女性则应该是一篇抒情散文，情愫悠悠，蕴涵深邃，令人眷恋。所以，女士们，请一定要珍惜自己，让女人味伴随自己一生。

所谓女人味，指的是一种人格、一种文化修养、一种品位、一种美好情趣的外在表现，当然更是一种内在的品质。简而言之，女人味就是女人的神韵和风采，是真正的女性美，使得女性的形象更美丽、人生更精彩。女人味堪称是对女人最到位的赞美。

那么，到底什么才是女人味呢？无论女人到了哪个年龄段，以下这几个特征都是一个有女人味的魅力女人所共有的：

1.智慧

外表漂亮的女人不一定有味，但智慧的女人一定很美。因为她懂得“万绿丛中一点红，动人春色不须多”的规则，具有以少胜多的智慧。容颜可以老去，但智慧不会褪色，一个充满智慧的女人，会具有与时俱进的魅力。

2.有度

再名贵的菜，它本身也是没有味道的。譬如“石斑”和“鳜鱼”，虽然很名贵，但在烹调的时候必须佐以葱、姜才能出味。女人也是这样，妆要淡妆，话要少说，笑要微笑。无论在什么样的场合，都要把握好尺度，好好地“烹饪”自己。

3.品位

特立独行不是女人味，不要以为穿上件古怪的服装就有品位了。真正的品位来自生活的智慧和丰富的内心。

4.展示最真实的自我

所有的女人都渴望自己在性格和外表方面对别人具有很大的吸引力。在现实生活中，真实的你是最能打动人的，因为这样的你有血有肉，有喜怒哀乐。真正有修养的人，气质是从骨子里透出来的，绝不是矫揉造作的。所以女性一定要学会接受自己的外貌；对别人热情、关心；仪态端庄，充满自信；保持幽默感；不要惧怕显露真实的情绪；有困难时，真诚地向朋友求助。

别丢了“矜持”两个字

矜持是人的一种素养。一个有内涵的女人，她的生活字典里是少不了“矜持”这两个字的。那何谓矜持呢？矜持是一种羞涩，也是一份清高，是对自己的爱护和尊重，是人的一种高贵优雅的姿态。如果有了这样的一种矜持，就会使人觉得这个女人是一个有气质、有涵养的人。

因为矜持的女人是婉约的，是高贵的，她在低吟浅笑间就能够流露出一种赏心悦目的温柔。女人的矜持好似一条内敛、深邃的小溪，她也许没有你理想中的那种浪漫、婉转，但在她目光流转的神思里，你能领略到某种浪漫的滋味。你能说她不懂浪漫吗？矜持女人的浪漫，需要懂得欣赏的男人来体会。可以说，一个矜持的女人，便是一棵专心的秋海棠，她的所有激情与浪漫，都只为她期待的那个男人而绽放。矜持的女人是傲气的梅，她骄傲却不冷漠，也许她的外表很冷，但却不失一种“酷酷”的感觉。

女人总要懂得矜持。矜持，永远是女人的最高品位，好男人就是在矜持女人的熏陶下所生成的产物，矜持女人是不怕找不到理想男人的。但也要记住：矜持也要有度，过于追求矜持，结果可能会适得其反。

美丽是女人一生的使命

卡耐基站在一个男人的立场，对所有女人说，一个男人对着女人一张精致的脸说话要比对着一张粗糙的脸说话有耐心得多。尽管男人说出这样的话使大多数女人不满，但这又确实是不争的事实。因此有人说：美丽是女人一生的使命。

女人要懂得爱护自己

聪慧的女人，是懂得爱护自己的女人，她们不仅要让自己的生活有品质、有情调，还要懂得投资，投资青春、投资美丽。

美国杜克大学医学院神经学研究中心的本杰明·海登博士说：“对男性来说，看到异性时的满足感在很大程度上受到异性外表魅力的影响。”如果你是一个聪明的女人，那么就别太在意你的男友对街上的女人多看两眼，因为这只是满足了他视觉上的享受。如果你也能给他提供这份享受，还担心什么呢？

一个智慧的女人大可冷眼旁观男人的“好色”，然后从自我修炼做起，把肌肤保养得柔嫩细滑，把体型保持得凹凸有致，把气质培养得独一无二……如此这般，即使你不是天生的美人胚子，那也是绝佳小女子一个。当脱胎换骨、秀色可餐的你出现在一个男人的眼前时，你还用担心他的目光不停留在你身上吗？

维护你的容颜

懂得爱护自己的女人一定懂得打扮自己。因此，从头发的样式、护肤品的选用、服饰搭配到鞋子的颜色，无一不需要你精心地对待。从头到脚的细致，当然是需要花很多的时间和心思的。因此，要想做高贵而有气质的女人，就必须从做细致的女人开始。可别小看了细节，也许仅仅因为指甲油的颜色不协调就可能导致你前功尽弃。

毫无疑问，女人的脸部呵护是极为重要的。护肤品的选购和使用绝对不能偷懒，因为它关系到你的“面子”工程。

“面子”在女人的形象中占有很重要的地位，因此对女人来说，“面子问题”可谓天底下最重要的事情。从踏入青春期起，年轻的女孩们便日复一日、不辞劳苦地在不足十寸的“土地上”辛勤“劳作”。很难想象，一个蓬头垢面、灰头土脸的女人，能有多少气质美可言。美容界认为，好的肌肤是美丽的基础，完美的妆容是精神美的有效点缀。有些人天生丽质，就算不化妆也光彩夺目。但这样的幸运儿只是少数，很多人都认为自己的长相不够完美：眼睛不够大、鼻子不够高、皮肤不够细滑……而化妆的作用就是掩盖瑕疵，让你看起来更加漂亮。事实上，在正式场合下，女性化一点儿淡妆也被看作礼貌的行为。

如果你不太会化妆，可以多翻阅一些美容时尚杂志，或者请教一些会化妆的“闺中姐妹”。她们会告诉你一些化妆技巧和窍门，并且你在这个过程中也能够更贴近潮流。一位有名的女化妆师说过：“化妆的最高境界可以用两个字形容，就是‘自然’。最高明的化妆术，是经过非常考究的化妆，让人看起来好像没有化过妆一样，并且化出来的妆与主人的身份匹配，能自然表现出那个人的个性与气质。”所以，一般场合里，淡妆最适宜。如果你每天都浓妆艳抹地出现在别人面前，是很难带给别人美的感受的。

现代女性，如果你的肤色不是很好，你的皮肤也不是“娇嫩可人”的，但是只要你掌握了化妆的技巧，就会达到很好的效果，为自己增添无穷的魅力。以下通常是女性朋友觉得很自卑的两种面部皮肤的上妆方法：

1.深色皮肤

大部分深色皮肤有色斑，需要妥善处理。用比你的肤色浅的遮瑕膏，扫擦较深色或不均匀的部位；宜使用不含油脂的液体粉底，色调应该比你的肤色浅；轻轻扑上透明干粉。对于黝黑皮肤，你可能需要用有色干粉，可抹上紫丁香或粉红干粉，增加暖色的感觉；然后抹上黄褐色或古铜色胭脂；以灰色或深紫色眼影美化明眸。

2.雀斑脸

用浅色液体遮瑕膏遮掩阴影及瑕点，可将白色修护粉底液混合浅米色粉底，调成遮瑕膏，轻轻点在眼睛周围，小心按摩眼睛周围的皮肤；雀斑皮肤只需要少许干粉，如果面部的雀斑显著突出，可以采用化眼妆的方法来转移视线，把他人的注意力吸引到眼睛上；眼线要贴近眼睫毛，用灰色及褐色眼线笔，这样看起来比较自然，切勿使用黑色，因为黑色会与浅色的皮肤形成强烈的对比；涂上黑褐色睫毛液，再用软毛刷涂上浅褐色睫毛液，令眼睛看起来自然柔和；用玫瑰色唇膏掺杂玫瑰水，使朱唇保持湿润，要使妆容自然，可用海绵块轻轻抹去多余的颜色；最后在面颊上施上锈色胭脂，使之艳光四射，引来羡慕的目光。

打理好头发

大多数的男人喜欢留长发的女子，觉得那样的女子才够美丽、温柔。飘逸的长发，似乎成了女人温柔、美丽的代名词。

在如歌的岁月里，女人更应该精心地呵护自己的长发，在长发飞舞中展示自己的美丽，彰显自信。多少生活的无奈，多少光阴的瑰丽，都会在飞舞的长发里，或淡然而逝，或翩然凝思。

男人喜欢幻想，靠在女人的背上，闭上眼睛，从发梢开始嗅到女人的发顶。男人希望女人多留住一抹珍贵的发香，自然的东西才有永远的诱惑力。

张学友有一首歌《头发乱了》，男人都喜欢。和女人亲昵时，男人喜欢抓着女人的头发，那是一种牵引着激荡的刺激。

头发是女人柔情万般的性感工具。女人也许并不知道，当她的发梢扫过男人的肌肤时，有多少根头发便会传递多少柔情蜜意。

满含秋波的双眼

在无数种女人的眼睛中，秋水眼绝对迷人。秋水眼表面有一层亮闪闪的秋水，那秋水神奇得很，除了无比美丽，还有极强的魔力，据说它能净化男人的心灵。

眼睛的美关键在于要有神，当然要明眸如水才能传神。一汪潭水清澈荡漾，欲语还休含珠泪。所谓一顾倾人城，再顾倾人国。眼睛是最具有杀伤力的武器，一双含情脉脉的眼睛，没有几个人能够抵挡得了，眼睛的威力不可估量。当然，美丽的双眼不全是天生就有的，后天的栽培浇灌，也可以让女人由内而外散发魅力。

大多数女人只注重眼睛外部的美容，但想要拥有一双被称为“美丽”的眼睛，离不开对其内部的护理。漂亮的女人都是明眸善睐的，一双水汪汪的眼睛最能打动人，它可以不大，睫毛可以不长，但一定要水灵。含水的眸子温情脉脉且深邃地看着男人，只对着他不说话，也能让他感受到千言万语在其中。这双眼睛一旦变得干燥，目光浑浊涣散，就是配上西施的脸蛋儿也没用了。

用细节造就魅力

注意细节的女人具有一种耐人寻味的美。这种美丽和外貌无关，你可以从一个爱拼积木的小女孩身上看到，你也会从一个把白发修饰得整齐美观的老妪身上看到；你可以从一个时尚美貌的女人身上看到，同样也可以从一个衣着朴素但却用心的女人身上看到。细节无处不在，关键在于要有捕捉细节的眼睛，女人的美丽通常都在细节。那种翩若惊鸿的美只能在刹那间震慑人，而细节处才能散发出动人的光辉。

注重细节的女人不会给人带来压力，她们不可能是那种张牙舞爪的女人，不会咄咄逼人；相反，她们会替人想得很周全。即使在她们帮助别人的时候，也绝不会让受助者有任何不舒服或者别扭的感觉。她们给人关爱的同时，还不让人感到尴尬。这种深入到细节处的关爱真的会让人有如沐春风之感。

都来做个注重细节的女人吧！千篇一律的大众美女总是让人审美疲劳，注重的细节女人却往往能给人清新、自然、舒适的感觉。

当然，要做一个注重细节的女人并不是一件简单的事情，这是一个系统的浩大工程。要做注重细节的女人，最起码的就是要细心。细心的女人会让岁月洗尽铅华，留下精华；细心的女人在自信的舞台上轻歌曼舞，把生活经营成童话般美丽的传奇。做一个注重细节的女人吧，一点一滴，举手投足，一颦一笑，拿捏有度，张弛有序，让你在人生的道路上左右逢源、游刃有余。

每一位追求完美的女性都应明白这样一个道理：魅力是靠你自身全方位修炼得到的。这是一个漫长而又缓慢的过程，靠的是潜移默化、润物细无声的力量。每一个女人都应该美丽，每一个女人都应该成为魅力女人，每一个女人都应该追求完美，向完美靠拢。虽然你无法成为百分百的完美女人，但从细节方面着手，你一定可以不断完善自己。

用魅力放大美丽

作为一个女人，无论她漂亮与否，都希望得到别人对她的赞美。美丽的容颜是老天的恩赐，而魅力并不是生来就有的，它是后天打造和雕饰的结果。女人都想使自己有魅力、富有内涵、风采可人。那么，魅力女人是什么样的呢？

外貌靓丽的女人让男人眼动，内在丰富的女人让男人心动。外貌与内在完美的女人让男人激动。让男人激动的女人则是有魅力的女人。女人因拥有美丽而幸福，因拥有魅力而骄傲。

那么，如何才能成为魅力女人呢？当然，做个魅力女人并不是遥不可及的梦想。女人们都应该知道靳羽西，这个时代感极强、富有代表性的魅力女人，她接受了东西方文化的教育和熏陶，开创了一番女人的事业。羽西的成功不仅仅是“用一支口红改变了中国女人的形象”，还在于她在特定的年代里成为启蒙中国女性魅力的一个标志性人物。羽西在《魅力何来》一书中，把魅力分为容貌魅力、形体魅力、装扮魅力、风度魅力四种不同层次的魅力。一个成功的女人懂得尽善尽美地展现自己的魅力。

1.容貌魅力，可以理解为外貌的魅力。所有的女人都爱美，她们为了让自己变得更美而付出了很多时间和精力：化妆、染发、服饰、减肥、美体等。但是现实生活中还有很多不注重个人形象的女人，她们肤色暗淡、头发杂乱、形体松懈。既然爱美是女人的天性，为什么这些女人不懂得修饰自己呢？原因主要有两个：一个是这些女人还没有真正认识到美和魅力是和谐统一的；另一个是可能这些女人在潜意识里失去了对美和魅力的兴趣，比如说有些已经结婚的女人就在无意识间远离了美丽甚至放弃了对美丽的追求。《泰坦尼克号》中有一句经典台词：“享受生活每一天。”这句话用在女人对美的追求上也同样适用。一个热爱生活的女人，应该追求女人的美与魅力，应该懂得享受生活、享受生命，而这种追求就是从对容貌魅力的打造开始。

2.形体魅力的修养，可以通过舞蹈、音乐、表演等艺术方面的学习和训练课程来实现，通过这些特殊的训练可以使自己的体形日渐完美。一位法国美容专家这样说过：“不要小看一个能够长久保持优美身材的女人，这通常是一个顽强和很有自制力的女人。”女人美丽的身影不仅仅是形体和漂亮的问题，这些只是表面现象，在这背后还有更深刻的内涵，那就是女性坚强的性格和坚韧的毅力，因为在塑造体形的过程中，女人首先要有长期坚持的精神。此外，良好体形在塑造之后并不能长期保持，这是一个不断巩固的过程，更是营养膳食和运动共同结合才能达到的结果。

3.装扮魅力，主要是穿衣品位和色彩的搭配。这是女人形象从平凡到美丽的转化秘密。化妆学上根据每个女人与生俱来的肤色、瞳孔颜色和发色等因素，将色彩分为“春、夏、秋、冬”四大色系，而每个色系都有属于自己的几十种颜色，女人在四大色系的众多颜色中可以选择适合自己的颜色和样式，但是有一个底线不能超越，否则就会黯然失色，那就是色彩的和谐搭配。对于女人来讲，没有不漂亮的衣服，只有不漂亮的色彩搭配，只要掌握色彩搭配的理论，女人就不会再有衣橱里缺少合适衣服的苦恼。合适的色彩搭配不仅体现女人的美丽大方，还会展示女人自身的品位，因此，女人在色彩搭配问题上，首先应该了解自己的气质特征，在此基础上再选择衣服来搭配自己，做到真正的对号入座。当衣服、色彩和自身达到完美而和谐统一时，女人真正的魅力就得到了彻底的展现。

4.风度魅力，是女人教养和内涵的体现，教养是善待他人和自己。一个有教养的女人，能够认真地关注他人、真诚地倾听他人、真实地感受他人，在尊重别人的同时也赢得了别人的尊重。教养并不是很高的标准，也不是空洞无物，更不是理论上的高谈阔论，而是体现在一些细小甚至琐碎的生活细节中，比如不在公共场合大声喧哗，使用公共厕所主动冲水，在无人看管的室外公共区域不随意丢弃废物等。所谓的“勿以善小而不为”就是这个道理，当女人能够在日常的生活中注意这些细节时，就已经具备了女人的风度。

每一个女人都可能使自己因为有魅力而美丽动人。当然，这是个漫长的修炼与积累过程，只要不断地学习和补充，相信每一个女人都会成为一道靓丽的风景，散发出迷人的风采。

打造“个人品牌”

要打造个人品牌，你就要时时保持你的竞争力。往往，你的个人品牌也代表着你的道德观、作风、形象、责任，好的品牌之所以强势，就是因为它结合了“正确的特性”“吸引人的性格”，以及随之而来的与消费者的“良好互动关系”。

如何才能打造自己强势的个人品牌呢?

1.不断提升自己的专业能力

针对工作的需要，拥有专业能力的专家，就是知识丰富加上执行力强，是可以帮企业解决问题的人。“拥有专业能力”是一种绝佳的个人品牌，是一种内涵的呈现。由于不断地有新知识及新技术的推出，为了避免过时，必须不断地增强专业能力，这是打造“个人品牌”首先要注意的。

2.拥有谦虚的态度

即使你已经拥有很好的成绩，谦虚仍是非常必要的。许多成功人士，越是成功，越是对人谦和。无论什么时候，谦虚的人都会受欢迎。如果你能力有限，谦虚会让人感觉你诚实上进；如果你工作能力很强，谦虚会让人感觉你受过良好的教育，综合素质很高。

3.保持学习能力及学习兴趣

学习能力及学习兴趣是延续个人品牌的重要手段。一个不断学习的人内在是丰富的，也会更容易拥有自信心及保持谦虚的态度。学习会让你时时刻刻感觉在进步。学习会让你找到自身的不足，从而改正那些你做得不对的地方。

4.强化沟通能力

沟通能力包括倾听能力及表达能力。个人品牌必须通过沟通能力传达出去。你要能在大众面前清楚地表达观点，透过文字传达思想，也要学习站在他人的角度看事情，尝试以对方听得懂的语言沟通，为了达到这个目的，倾听是必要的。

建立个人品牌，可以从自己的强项开始。找到自己的强项，挖掘自己的独特能力，这是快速脱颖而出的秘诀。

让老板觉得你是“限量版”

生物学家研究发现，在成群的蚂蚁中，大部分蚂蚁都很勤快，寻找食物、搬运食物争先恐后，少数蚂蚁却东张西望地不干活。

为了研究这类懒蚂蚁如何在蚁群中生存，生物学家做了一个实验：他们把这些懒蚂蚁都做上标记，断绝蚂蚁的食物来源，并破坏了蚂蚁窝，然后观察结果。

这时，发生了令生物学家意想不到的情况。那些勤快的蚂蚁一筹莫展，懒蚂蚁则“挺身而出”，带领伙伴向它们早已侦察到的新食物源转移。接着，人们再把这些懒蚂蚁全部从蚁群里抓走，马上发现，所有的蚂蚁都停止了工作，乱作一团。直到人们把那些懒蚂蚁放回去后，整个蚁群才恢复到繁忙有序的工作中去。

大多数蚂蚁都很勤奋，忙忙碌碌，任劳任怨，但它们紧张有序的劳作往往离不开那些不干活的懒蚂蚁。懒蚂蚁在蚁群中的地位是不可替代的，它们能看到事物的未来，能正确地把握当前的行动，它们是蚁群中的“限量商品”。

西班牙著名智者巴尔塔沙·葛拉西安在其《智慧书》中告诫人们说，在生活和工作中要不断完善自己，让自己成为一个团体的“限量商品”，使自己变得不可替代。让别人离了你就无法正常运转，这样你的地位就会大大提高。

第五章

女人越自信，活得越高级

个人魅力是你走向成功的“法宝”

个人魅力最引人注目的优点是它能够让你更具吸引力。当人们认为你这个人很有魅力时，他们更有可能采取你所建议的行动步骤。

人格魅力常常不反映在大事上，而是反映在很少有人会注意的细节上。面对一个极好的职位，许多人总是对其所要求的条件感到惊愕，因为这些条件往往是他们从未想过的品质和性格，例如，优雅的举止、谦恭的态度、乐观的精神，以及亲切且乐于助人的性格等。

有出色的才能，但是却缺乏吸引他人注意的魅力，这样的人很多，所以我们常常听到老板们说，他们决定不聘用某某应聘者，因为他举止欠佳，或者因为他没有风度。没有什么可以替代个人魅力和优雅迷人的风度。尽管大多数人认为，人的风度是与生俱来的，但事实上风度是可以后天获得的，只不过你要为此承受烦恼和痛苦，就像要成就任何有价值的事业，你要有所付出一样。

可见，一个人的个人魅力对于他的成功是十分重要的。打造个人魅力是一种长期的行为，是一个人终其一生都要面对的问题。所以，我们在日常生活和工作中不要忽略对自己个人魅力的提升。当你拥有卓尔不群的个人魅力，你的形象更加良好时，你的人生才会更加完美。

自信心有多大，舞台就有多大

2001年5月20日，美国一位名叫乔治·赫伯特的推销员成功地把一把斧子推销给时任总统的小布什。他所在的布鲁金斯学会得知这一消息，把刻有“最伟大推销员”的一只金靴赠予他。这是自1975年以来，该学会一名学员成功地把一台微型录音机卖给尼克松后，又一学员跨过如此高的门槛。

布鲁金斯学会以培养世界上最杰出的推销员闻名于世。它有一个传统，在每期学员毕业时，设计一道最能体现推销员能力的实习题，让学员去完成。克林顿当政期间，他们出了这么一道题目：把一条三角裤推销给现任总统。8年间，有无数个学员为此绞尽脑汁，可是，最后都无功而返。克林顿卸任后，布鲁金斯学会把题目换成：请把一把斧子推销给小布什总统。鉴于前8年的失败，许多学员放弃了争夺金靴奖，个别学员甚至认为，这道毕业实习题会和克林顿当政期间的那道题一样毫无结果，因为现在的总统什么都不缺，再说即使缺少，也用不着他亲自购买。

然而，乔治·赫伯特做到了，并且没有花多少工夫。一位记者采访他时，他说："我认为，把一把斧子推销给小布什总统是完全可能的，因为布什总统在得克萨斯州有一个农场，里面长着许多树。于是我给他写了一封信，说：有一次，我有幸参观您的农场，发现里面长着许多大树，有些已经死掉，木质已变得松软。我想，您一定需要一把小斧头，但是从您现在的体质来看，这种小斧头显然太轻，因此您或许需要一把不甚锋利的老斧头。现在我这儿正好有一把这样的斧头，很适合砍伐枯树。假如您有兴趣的话，请按这封信所留的信箱，给予回复……最后他就给我汇来了15美元。"

在乔治·赫伯特成功之前，谁也不相信他能将一把斧头卖给总统。有些人之所以不能成功，是因为他们在尝试之前就给自己预设了一种可能：这件事情绝不可能成功！就这样，失败的念头抢占了他们脑海中的高地，堵塞了他们努力的道路。而满怀信心的人永远相信，想要追求梦想，首先要有自信。因为自信的人知道，没有想不到的，只有做不到的，自信心有多大，你的舞台就有多大！

自信会产生巨大能量

德国哲学家谢林曾经说过：“一个人如果能意识到自己是什么样的人，那么，他很快就会知道自己应该成为什么样的人。但他首先得在思想上相信自己的重要，很快，在现实生活中，他也会觉得自己很重要。”

对一个人来说，重要的是相信自己的能力，如果做到这一点，那么他很快就会拥有巨大的力量。

当一个人有自信时，他的全身充满干劲，强大的自信气场帮助他吸引来别人的力量，使他的能力在锤炼中更强大，从而更加容易取得成功。而那些软弱无能、犹豫不决、凡事总是指望别人的人，正如莎士比亚所说，他们永远也不能体会到自立者身上焕发出的那种荣光。自然，他们也不会形成这种巨大的通往成功的力量。

生活是纷繁复杂的，人生道路也充满了崎岖与坎坷。这就要求我们在思想、学识和身体上应有充分的自信去准备。居里夫人曾说：“我们生活都不容易，但是，那有什么关系？我们必须有恒心，尤其要有自信力！我们必须相信我们的天赋是要用来做某种事情的，无论代价多么大，这种事情必须做到。”确实，人的一生中不可缺少自信，人要渡过生活的海洋，走向事业的高峰，就要以自信做基石。唯有自信的人，才能有强大的气场，才能拥有巨大的力量，将来才能走向成功。

自信心，气场逐渐强大的动力源泉

有信心的人没有所谓的不可能。因此，想要成功的人，就应该不断地去努力培养信心。

那么，如何拥有自信心呢？关于这个问题，卡耐基在多部著作中都提到了。他认为，任何人只要做到以下六个诀窍，那么他就可以获得很好的成效。现在就让我们看看这些诀窍，相信你也会从中确立对自己的信心，并开始不断加强自己心灵的气场。

1.在心中描绘一幅希望自己达成的成功蓝图，然后不断地强化这种印象，使它不致随着岁月流逝而消退模糊。此外，相当重要的一点是，切莫设想失败，亦不可怀疑此蓝图实现的可能性。因为怀疑将会对实现蓝图构成危险性的障碍。

2.当你心中出现怀疑自己力量的消极想法时，要驱逐这种想法，并且设法发掘积极的想法，并将它付诸实践。

3.为避免在你通向成功的过程中形成障碍，所以对可能形成障碍的事物最好不予理会，忽略它的存在。至于难以忽视的障碍，就下一番工夫好好研究，寻求适当的处理良策，以避免其继续存在。不过，最好彻底看清困难的实际情况，切勿夸大，使其看来愈加显得困难。

4.不要受他人的威信影响而试图仿效他人。须知自己是独一无二的，不可能成为另一个人。

5.每天大声复诵这句话十次："人生的信念给了我无穷的力量，凡事都能做。"这句话对于治疗自卑感而言可称得上是最有效的良方。

6.正确评估自己的实力，然后多加一成，作为本身能力的弹性范围。切忌形成本位主义，但是适度地提高自尊心也是相当重要的事。

打造自己的外形

“看起来像个成功者”能够让你感受成功者的自信；激励自己走向成功，像成功者那样行事。因而，当成功的机会到来时，你就是成功者！

成功的外形是一个人无形的资产，“看起来像个成功者和领导者”，幸运的大门就会更多地为你敞开，让你脱颖而出。对外进行商务交往时，由于你“像个成功的人”，人们可能更愿意相信你的公司也是成功的，因而愿意与你的公司进行交易。

为了取得成功，你必须在脑中“看”到你正在取得成功的具体形象，在脑中描绘出你充满自信地投身一项困难的挑战的形象。这种积极的自我形象反复在心中呈现，就会成为潜意识的一个组成部分，从而引导我们走向成功。

努力在外表上塑造“像个成功人士”的例子数不胜数，因为人们深刻理解“看起来像个成功者”的形象对事业有多大的促进作用。

人们都希望成功能够早一点儿到来，而树立良好的形象就是其中的方法之一。在成功之前我们就要树立一个成功者的形象，因为成功的形象会吸引成功。

对成功充满渴望，塑造出成功者的气场

20世纪70年代，世界拳王阿里因体重超过正常体重20多磅，速度和耐力大不如前，面临告别拳坛的局面。

1975年9月，四年未登拳台、已经33岁的阿里与另一拳坛猛将弗雷泽进行第三次较量。当比赛进行到第十四回合时，阿里已经精疲力竭，处于崩溃的边缘。他觉得自己随时都有可能倒下，几乎没有力气迎战第十五回合了。然而，阿里并没有放弃，而是拼命坚持着，他知道，对方也和自己一样，已经筋疲力尽了。到这个时候，与其说在比气力，不如说在比毅力，比谁对成功的渴望更迫切。他知道此时如果在气势上压倒对方，就有胜出的可能，于是他尽量保持着坚毅的表情和势不可当的气势，双目如炬。终于，弗雷泽被阿里的气场镇住，他感到不寒而栗，以为阿里体力仍佳。阿里从弗雷泽的眼神中发现了这一微妙的变化，他精神为之一振，更加顽强地坚持着。果然，弗雷泽表示愿意服输。裁判当即高举阿里的手臂，宣布阿里获胜。

凭借对成功的渴望，阿里保住了拳王的称号。但他还未走到拳台中央，便眼前一黑，双腿无力地跪在地上。弗雷泽见此情景，追悔莫及。

因此，当你感觉到内心深处有一股不可抑制的激情在汹涌奔流时，当你发现你是那么强烈地渴望去做某事时，当你的理想和

自我意识发出无声的呐喊时，实际上这是一种标志，意味着你将开始有能力做某件事，并且必须是立即着手去做它。这就是一种因对成功的迫切渴望而产生的强大气场。

还等什么呢？从现在开始，每天强化自己对成功的渴望，不要让这种高能气场冷却或衰弱，而是要让它不断加强。这样，你就会拥有一个成功的形象，你将会离成功的目标越来越近，直至实现它。

创造出色的个人品牌，你会因此而更加成功

品牌体现价值观，也体现影响力。人人都有价值观，人们正是因为按照自己的价值观办事才取得成功。只有保持真实的自我，只有恪守自己基本的价值观，才能创造出自己的品牌。

无论对于企业还是个人，成功品牌都是其创造者内在核心的准确、真实的反映。为了现实赢得信誉（认可、接受、赞许），创造者必须每天积极地体现出品牌的价值观，并在个人和专业“市场”中进行检验，观察他人是否接受这些价值观。归根结底，个人品牌是否出色并可行，要看关系是否已经成形，关系的深度和广度如何。

你需要将自己的价值观融入生活中，塑造品牌要从这里开始，最后也是在这里结束。正如我们强调的，这么做的目的不只是用价值观作为出色的个人品牌的基石，还是为了获得信誉，为了让周围的人认可你。如果你没有为自己的价值观树立起信誉，

别人就无法通过你的品牌认识到你为这些价值观付出的努力，周围的人也就无法通过观察你与他人的关系，看到这种内在的联系，最终也就无法认识真正的你。

你应该给自己经过奋斗可以成功的机会，将自己放在可以取得成功的位置上，把自己拉出注定要遭遇失败的地方（或者必须牺牲价值观才可通过的地方），坚持树立自己的个人品牌。要知道，出色的个人品牌比华而不实的表面形象给人的印象深刻得多。因为品牌是关系，它反映影响力。

所以，创造并活出一个出色的个人品牌，这是你能够做的最好的投资。世界需要有影响力的品牌，并且尊重、依靠有影响力的品牌。如果你能够成就一个有影响力的品牌，你会因此更加成功。

摆脱羞怯心理，增强你的自信

日常生活中有许多羞怯的人，这种人一说话就脸红，一出门就低头。他也想要改变，虽然屡下决心克服羞怯，却总是不大见成效，怎么办呢？这里有一个包治羞怯心理的社交处方，照此做会有很大成效。

想象自己是完美的化身。这是许多名模、影星在表演之前惯用的方法，也同样适用于职场。先静坐，心中默想曾有的愉悦感受，譬如曾经聆听的悠扬乐曲，想得越具体效果越好。以拥有者的态度走入每间屋子，昂首阔步，抬头挺胸，仿佛一切都在你的掌握之中。学习你所仰慕的人所有的美好特质，只要他具备你所希望拥有的特质，都可以模仿。

大胆表现自我，把自信心视为肌肉，需要定时持之以恒地锻炼，如果稍有懈怠，它很快会松弛。改善外表，换一套新洗过的衣服，去理发店换个发型，这些办法会使你觉得自己从上到下焕然一新，因而增强自信。

自信是可以培养出来的，只要你给自己机会，迈出尝试和突破的双脚，按照这些克服羞怯心理的方法行事，假以时日，你必定会焕发出前所未有的自信光彩！

第六章

气质不止一面，女人需要性感

女人可以不漂亮，但不能不性感

女人可以不漂亮，但不能不性感。脸蛋是天生的，性感却是可以后天修炼的。当女人外貌的明艳随着年岁而逐渐淡去时，还能用什么来留住她心爱的人？成功的女人告诉我们她的秘诀——来自举手投足间的性感和女人味。女人更应该懂得感受和珍爱自己，爱自己的心灵、身体，并让它们焕发出恒久的光彩。

男人是注重感官的，他们喜欢性感的女人。一直以来，性感的女人被喻为一朵欲望之花，能够迷惑男人的眼睛。在任何场合，性感女人都会散发出耀眼的光芒。不同的女人有不同的味道，很多男人认为性感的女人是最有女人味的。

说到性感，会使人想起感性这个词。性感和感性就好像一对孪生姐妹，如影随形。一个感性的女人，无论是在凝神静思还是侃侃而谈，她的一举手一投足，都是那么细腻和充满感染力。举一个很简单的例子，假如你不是个外表充满野性的女人，那么拥有一份内心的野性，也会让别人觉得你有种神秘感。而所谓的内心的野性，可以是爱冒险、爱尝试新事物、好幻想及随时为了实践梦想而豁出去的勇气。

性感在不同的女性身上，散发出不同的味道，产生不一样的效果。女人的性感是烙在骨子里的。女人真正的性感并不局限于外表，比如相貌是否妩媚迷人，衣着是否风情撩人。女人性感的本质是一种发自内心的活力，这种活力彰显着女人丰富的内心，令男人情不自禁地遐想连翩。千万不要误认为穿得越少越性感，女人不应该以穿得少来吸引男人的“回头率”。如果某个女人在街上穿得过于暴露，人们免不了对她品头论足，尤其是一些在职场里身居要职的女人更是公众目光的焦点，她们应该清楚，“职场”和性感永远都不可能友好携手，上班时穿得太暴露是一种缺乏教养的表现。总之，女人追求性感千万不要采取媚俗的方式。

“贝蒂”变身“梦露”，一点点性感就足够

当玛丽莲·梦露穿着那条著名的白裙子站在地铁的通风口上，一股自下而上的风将她的裙子吹过头顶——好莱坞历史上最为经典的一刻瞬间定格：全世界的男人都见识到了那双完美的大腿，“性感女神”由此诞生。没有任何一个女人可以从梦露手中抢走“性感女神”的桂冠，懒洋洋的金发、前凸后翘的身材、魅

惑的美人痣……梦露满足了所有男人对美的憧憬，她的任何一个衣边裙角都足以让男人们的血管在刹那间爆掉。

还有美国电视剧《丑女贝蒂》中戴着红色眼镜，箍着牙套的贝蒂。她一出现时，不仅所有的男性观众惊恐不已，连大多数女性观众也大吃一惊：世上竟有如此丑陋的女子？而走出《丑女贝蒂》的片场，走上英国版《嘉人》杂志时，贝蒂的扮演者亚美莉卡·弗伦拉却是别样的性感美丽。长长的波浪发、时而冷峻时而迷蒙的眼神、微厚的嘴唇流露出莫名的性感味道，黑色礼服包裹下的身体曲线玲珑。是又一个梦露诞生了吗？谁也难以将这样性感的尤物和笨重的丑女贝蒂联系在一起。

世界上没有丑女人，只有懒女人。许多女人只知道嫉妒梦露的性感，在心里抱怨自己类似贝蒂的外形，难以吸引男人的眼光。其实，你只需要给自己增添一点点性感，如贝蒂的你就能成功变身“梦露”，发出巨大的魅力电波，电倒一个又一个男人。美丽，有时候就这么简单，带一点儿性感就足够。

温柔是女人百试不爽的终极武器

温柔是女性独有的特点，也是女性的宝贵财富。如果你希望自己更完美、更妩媚、更有魅力，你就应当保持或挖掘自己身上作为女性所特有的温柔性情。须知：做女人，不能不懂温柔；要做个百分之百的好女人，不能丧失温柔；要成为幸福快乐的女人，绝对不能不温柔。

温柔是一种足以让男人一见倾心、忠贞不渝的魅力。的确，男人挑剔的眼光，盯着女人的美丽的同时，心里还渴求着温柔。在充满浪漫的青年时代，美丽或许会占上风，可当从感性回到理性的认识中时，男人就会越发明白：温柔比美丽可爱。事实上也是如此，在季节的变迁、时间的轮回中，美丽的外表会失去光泽，而温柔将会永驻。古往今来，女性的温柔给人间带来多少深情挚爱、温馨和谐，让男人不能忘怀。恋人的温柔若款款催化剂，催促着爱情的花果早日绽放成熟。夫妻的温柔像一缕春天的阳光，像一轮秋夜的明月，为生活平添着温馨和明净。

温柔的女人就是上帝派来的爱的天使。人们常说：“水做的女人，泥做的男人。”有了如水般的温情，再硬的顽石也会被滴穿。女人用温柔征服男人，征服世界。温柔的女人具有一种特殊的魅力，她们更容易博得男人的钟情和喜爱。这样的女人像绵绵细雨，润物细无声，给人一种温馨的感觉，令人回味无穷。

一脸娇羞胜过无数情话

时尚，似乎总与羞涩为敌。吊带裙、露脐装，裸肩露背，大胆奔放。

羞涩，成了现代女性最为缺乏的元素之一。

羞涩，是人类文明进步的产物。然而，社会越发展，都市女人反而越来越不懂得羞涩了。其实，暴露只能唤起肉欲，而性格气质的性感，才是性感的最高境界。

娇羞曾是女人独特的美丽，是一种青春的闪光、感情的信号，是被异性撩动了心弦的一种外在表现，是传递情波的一种特殊语言。当心仪的他出现在眼前，女人内心深处的一颗心不由自主地悸动，红晕爬上了青春美丽的脸庞，似一种无声的诱惑语言，撩动了男人内心的爱情之弦。当女人知道了羞涩对男人的魅惑力，便学会了在脸庞涂抹淡淡的红色胭脂，似一抹羞涩的红云，男人看在眼里，心里荡起层层涟漪。

许多时候，女人一脸的娇羞反而胜过了无数的情话，让男人的心怦怦跳动。娇羞的女人，在男人的眼中有一种别样的魅力，令他们魂牵梦萦，欲罢不能。有男人爱煞女人一脸娇羞的表情，曾写诗赞道："姑娘，你那娇羞的脸使我动心，那两片绯红的云显示了你爱我的纯真。"就连著名诗人徐志摩都写诗赞叹道："最是那一低头的温柔，像一朵水莲花，不胜凉风的娇羞。"老舍先生也以为："女子的心在羞耻上运用着一大半，一个女子的脸红胜过一大片话。"

娇羞的女人，美在含蓄，美在执意，美在精致，美在柔情，美在朦胧，这样的美，是自然的美，是内心最最真实的心境美。只有这样朦胧的美丽，才能牵扯着男人的魂魄，让他日思夜想，惦记在心。

培养女人隐形的品位

女人的妆容、服装都是看得见、摸得着的，只有香水无形地萦绕在女人周围，但它同样昭示着女人的品位。如果女人少了香水，总觉得缺少那么一点儿引人入胜的情趣。女人以香水为名片。她们一般选择一种最能表达其个性特征的香水，来展现其独特的魅力。

香水与女人的关系源远流长。在很早以前，香水曾被颇有心计又有地位的女人当作一种实施阴谋手段的工具而备受青睐。美丽的埃及艳后总不会忘了在她的身体上洒满香水，制造梦幻迷人的陷阱。因这股芬芳气息的迷惑，也因这个美人的千般风情，至少恺撒与安东尼在这种精心制造的温柔乡中沉醉了，艳后满足了她强烈的政治欲望，香水发挥了它的神奇作用。

香水不但会使女人的打扮更趋完美，也会使男人享受一种浪漫的气氛。香水调配师称香水是“液体的钻石”，而女人又称调配师为“调和全世界香味的艺术家”。女人的优雅、女人的娇艳、女人的爱情，甚至女人的命运都同一瓶瓶美轮美奂的香水有着剪不断理还乱的关系。法国女性认为，与其被男性称赞说“你的穿着十分得体，很漂亮”，不如一句“你的香水多么适合你，你太有魅力了”。对衣饰的赞美只是外在的恭维，可是当一个男人已经注意到你身体散发的香味时，就是从心理上关注你，或者对你非常有好感了。

由此可见，香水与女人之间，一直存在着亲密而微妙的关系，女人的美丽优雅、性感浪漫、恬静柔情、洒脱活泼借着曼妙的香气暗暗传送，展现着独特的个性。闭着眼睛什么都看不见，但脑海中常常浮现出比睁大眼睛见到的多得多的形象，因为那是想象力最活跃的时候，闭着眼睛就能凭气息来判断她是谁。

香味犹如女人的一张名片，透露着一个女人的故事，不用只言片语。在电影《闻香识女人》中，那位盲人上校从一个女人用的香水中判断出她的家世、性格喜好，并断言她是一个出身好家庭的女人……并非只有电影里才会有这么神奇的故事，人们对气味的敏感程度以及香味对人情绪的影响力，远远超乎我们的想象。

一个女人从你身边袅袅婷婷地走过，尽管她朱唇未启，可她身上特有的幽香，已在不经意中透露了她的品位。“闻香识女人”，一个女人身上所散发的气息一旦被固定，被人记住，这个女人就成了他心中的“名牌”。

练就余音绕梁的迷人嗓音

生活中，我们有过这样的经验，一个女人看起来年轻漂亮，但是她一开口，声音却低沉得像个上了年纪的老年人，这时她的形象可能就大打折扣了。通常情况下，一个声音好听的女人，更容易被周围的人接受。

男人对于女人的声音再熟悉不过了，尽管每天都会跟不同类型的女人打交道，但是并不一定每一种声音都能让男人有触动。但是有这样几种声音，一直是男人喜欢的类型：

柔媚之音：这种声音集中了女性的妩媚、阴柔，它甜甜的、软软的、腻腻的，还有一种绕梁三日不绝于耳的感觉，让男人很是着迷。但是这种声音在当今的社会已经很难再见了。偶尔有那么一两个五星级大饭店的接线员可能传递出类似的声音，却都包含了一种职业化的气息，语调过于专业。

甜美之音：电视剧《甜蜜蜜》的热播，又掀起了人们对邓丽君的喜爱。从20世纪80年代走过来的人，都会深深地记住她的名字。她的声音影响了一代人。她的声音甜美、清新，脱去了俗尘，也去除了浮躁。她的声音温润了一代人，更让迷失与迷茫的男人的心得到了缓解，获得了平静。邓丽君未必是最美的女人，却轻而易举地捕获了所有男人的心。

磁性的声音：男人声音的磁性多带有一定的性感成分，女人的声音磁性则是一种中性化的，既有一部分女性的柔美，又有一部分男性的坚韧。女人低沉磁性的声音更能打动和穿透男人。用这种声音演绎女性柔美的味道，如同一杯陈年的老酒，芳香中带有一种悸动。

性感的声音：性感的声音通常不好定义，但有一个主要的特点，是柔。柔是女性的特质，也是男人对完美女性的期待和渴望。

有情调的女人最可爱

“女人不是因为美丽而可爱，而是因为可爱而美丽。”这话不无道理。什么样的女人才可爱？有浪漫情调的女人最可爱。因为浪漫，女人把爱她的男人带向海边去感受大自然，这远比到服装店去包装自己的躯壳更有意境；因为浪漫，女人用自己的主观感受美，又把自己变成美的客观存在。

有浪漫情调的女人通常胸怀比较豁达，不会和别的女人计较鸡毛蒜皮的小事，她们会把自己的眼光放在远处，对未来的生活充满美好的憧憬和期待。尽管她们知道未来与现实相距十万八千里，但她们并不悲观，在自我精神获得满足的前提下，她们还会把很多乐趣带给周围的人，让周围的人在她们的感染下也感受到浪漫。而她们身边的人，也因此会感受到一个女人因为可爱而显得如此美丽。

现代人的生活大都很忙碌，生活的压力使得每个人或多或少都感觉有些郁闷。一个喜欢浪漫并善于制造浪漫气氛的女子，不仅会使她的容貌变得非常迷人，也能使年龄的鸿沟在人们的概念中不知不觉地减到最浅，使得女人豁达起来。一个外表美丽的女人固然能让人动容，但一个有情调的女人则能用她的浪漫影响他人，这是另一种出色的动人的美。

我们的生活可以很平淡、很简单，但是不可以缺少情趣。一个兰心蕙质的灵巧女孩，必定懂得从生活的点滴琐碎中采撷出五彩缤纷的情趣。

第七章

最怕你不修边幅，还说自己有内涵

好形象从“头”出发

按照一般习惯，一个人注意和打量他人，往往是从头部开始的。而头发生长于头部，位于人体的“制高点”，所以更容易先入为主，引起重视。鉴于此，要想打造良好的形象，首先应该从“头”出发。

1.勤于梳洗

头发是人脸面之中的脸面，所以我们应当自觉地做好头发日常护理。不论有无交际应酬活动，平日都要对自己的头发勤于梳洗，不要临阵磨枪，更不能忽略此点，疏于对头发的“管理”。

通常，理发的时间间隔，男士应为半月左右一次，女士可根据个人情况而定，但最长不应长于一个月。洗发，一般可以三天左右进行一次。至于梳理头发，更应当时时不忘，见机行事。总之，头发一定要洗净、理好、梳整齐。

2.发型得体

发型，即头发的整体造型。在理发与修饰头发时，对此都不容回避。选择发型，除个人偏好可适当兼顾外，最重要的是要考虑个人条件和所处场合。

（1）个人条件

个人条件，包括发质、脸形、身高、胖瘦、年纪、着装、佩饰、性格等，这些都会影响发型的选择，对此切不可掉以轻心。

在上述个人条件里，脸形对发型的选择影响最大。选择发型时，一定要考虑自己的脸形特点，例如，国字脸的男士最好别理板寸，否则看上去好像一张扑克牌。Ω发型，则主要适合鹅蛋脸的女士，头发的下端向外翻翘，可展示此种脸形之美。要是倒三角脸形的女士选择了它，就不太好看了。

（2）所处场合

在社会生活中，人们的职业不同、身份不同、工作环境不同，发型自然也应有所不同。总而言之，在工作场合抛头露面的人，发型应当传统、庄重、保守一些；在社交场合频频亮相的人，发型则应当个性、时尚、艺术一些。至于前卫、怪异的发型，大约只有对艺术工作者才是适合的。

3.长短适中

虽然说头发或长或短完全是一个人的自由，但是从社交礼仪和审美的角度来说，头发到底该多长或多短是有讲究的。具体来说，应从以下几个方面分析：

（1）性别因素

男性和女性的区别，在头发长短上就有所体现。一般大家的观点是：女士可以留短发，但是却很少理寸头；男士的头发虽然也可以稍长，但是不宜长发披肩、扎辫子之类的。

（2）身高因素

从美观的角度来说，头发的长度在一定程度上应该与个人身高有关。以女士留长发为例，头发的长度应该与身高成正比。如果一个矮小的女生头发却长过腰，这样就会显得自己的个头更矮。

（3）年龄因素

如果一头飘逸的长发出现在少女的头上，会有相得益彰的感觉。但是如果一位六七十岁的老奶奶却留很长的头发，则会让人感觉有些怪异，且显得没有精神。

（4）职业因素

职业也是头发的长短的影响因素。对于在商界工作的女士来说，头发最好不过肩，而且应以束发、盘发为主；男士则不宜留鬓角和发帘，长度最好以不触及衬衣领口为宜。

三项建议帮你打造美丽容颜

想拥有一副美丽的容颜，让自己的形象看起来更吸引人，就要做好美容护理。具体来说，下面的这三项建议可以帮到你：

1.保持乐观的情绪有利于美容

保持平和乐观的心态、愉悦的心情，是必不可少的美容法。

皮肤与情绪之间有着密切的联系，情绪影响到神经—体液—内分泌系统，影响到包括皮肤在内的整个肌体，真正影响人容貌的是其情绪的好坏。

无论是在工作中还是生活中，我们都会有不少纠纷与烦心事。但是无论怎样艰难，都应该保持乐观，保持豁达坦荡。稳定的情绪对保持年轻、健康、美丽有着十分重要的作用。

因此，不要使自己生活在压力和紧张下，要懂得改变现有的生活状态，让自己的心态平静。

2.充足的睡眠是美容的法宝

健康充足的睡眠虽然是美容的法宝，但是不少职业女性却没有好的睡眠习惯。

当你年轻的时候，当然有少睡的本钱，第二天早上起来洗漱完，又是一个精神自信的形象。但随着年龄的增长，这样的资本会一天天减少，如果你希望少长皱纹，就需要保证充足的睡眠。

人体生物钟是有规律的，违背自然规律地少睡或不睡，不仅会造成眼睛周围皮肤过早地松弛，而且你平静的心情得不到及时调养，会出现紊乱，其结果就是皱纹增多，整体皮肤未老先衰。

虽然我们对肌体在睡眠过程中活动的机理研究还不完全，但我们知道，肌体在睡眠中是很活跃的。简单地说，就是我们把在醒着时所支出的东西在睡眠中再补充回来，从而使我们的肌体得以复原，而且是身体和精神两方面的复原。美丽的一个必要前提是有足够的睡眠，给你的肌体充足的时间好好休养，积蓄新的力量以开始新的一天。

3.自然美容简单而有效

自然美容既简便又易行，且效果也不错，是许多爱美人士的首选。其中最流行、效果也不错的自然美容方法就是蒸面美容法。

蒸汽护肤是一种更为深层的洁面方法，在洗脸和敷面膜都没有达到预期的效果后使用更好。假如你的皮肤光洁而有弹性，又能坚持正确的方法每天洗脸，那么蒸汽护肤和磨砂膏是可以少做和省略的。

蒸面是通过水蒸气的蒸熏，使干燥或粗糙的皮肤毛孔扩张，从而达到去除污垢、增强面部皮肤的血液循环、让皮肤更好地吸收水分和营养、滋润肌肤、使之变得细腻和光洁的效果。国内外不少美容院都用蒸面器来改善顾客脸部肌肤的情况。在家中，你也一样可以采用一种简单的蒸面法来达到同样的效果。

首先，要净面。不管是何种保养法，如果不把面部清洁干净就进行，是不会有好效果的。净面可用洁肤乳、洗面奶，也可用植物油，涂上以后，略加按摩，再用柔软的拭面纸将洁肤物轻轻拭去，用毛巾把头发包好，然后就可以开始蒸脸了。

蒸面的用具很简单。烧开一壶水，在水壶下持续加热，使其能保持一定温度，不断有蒸汽冒出即可。用一块大毛巾将冒着蒸汽的水壶围住，形成一个筒状。闭目俯身，脸与壶相距10厘米左右，让蒸汽不断地升到脸部。油性肌肤的人，水温可以高一些，但时间不宜过长，持续约5分钟，使面部感觉发烫为宜。

需要注意的是，虽然市面上有不少中药面膜和放在蒸面器中随蒸汽一起作用于皮肤的中药美容用品，但是这种药品对自己的皮肤是否合适，还是应该根据皮肤状况慎重地判断，以免因使用不当而使面部色素沉着、发黑。

面容修饰，铸出靓丽容颜

面容是人的仪表之首，也是最能动人之处，所以面容的修饰是仪容美的重头戏，特别是在社交场合，对于面容的修饰更为重要。

由于性别的差异和人们认知角度的不同，男女在面容美化的方式、方法和具体要求上是不同的，它们有着各自不同的特点。

1.男士面容的基本要求

男士面容最基本的地方，体现在胡须上。男士应该养成每天修面剃须的良好习惯。如果实在想蓄须的话，男士们也应该从工作的角度出发，看工作是否允许，并应该经常修剪，保持卫生。不管是留小胡子还是络腮胡，整洁大方是最重要的。而没有留胡子的人，在出席各种公共场合或社交活动的时候，切不能胡子拉碴地去。

2.女士面容的基本要求

一般来说，女士的美容化妆应特别注意如下几点：

（1）化妆的浓淡要考虑时间、场合的问题。

随着时间与场合的改变，女士化妆应有相应的变化。白天，在自然光下，一般女士略施粉黛即可；在工作的时候也应以清新、自然的妆容为宜。而在参加晚间的娱乐活动时，浓妆比淡妆更好。

（2）化妆治标而不治本，属消极的美容，应提倡积极的美容。

面部的皮肤比我们想象中更娇嫩，任何不科学的外部刺激都会对其产生不同程度的损伤。正如大家所知道的，任何化妆品中都含有一定量的化学物质，这些化学物质对皮肤多少都会有不良的刺激。不少女士喜欢浓妆艳抹，这样也许会为她增添几分妩媚，但事实上，这是消极美容，会对皮肤产生一定程度的伤害。因此，要想使面容的仪表更好，最好的方法是采用体内调和的美容法。

首先，在生活中要多多参加户外体育活动，促进表皮细胞的繁殖，使表皮形成一层抵御有害物质的天然屏障。

其次，良好的心境与充足的睡眠也是必不可少的。这对皮肤的新陈代谢有一定的作用，也会使面容有光泽。

再次，合理的饮食也不可忽略。多喝水，多吃富含维生素C的水果、蔬菜等，少吃辛辣、高糖、高盐的食物。

最后，坚持科学的面部护理与按摩也是十分重要的。它能促进血液的循环，使面容更加红润健康。

无论男性还是女性，都应该注意自己的面容修饰，让亮丽的容颜增加自己的吸引力。

迷人的双眼需要外护和内养

每一个人都想拥有美丽迷人、会说话的眼睛。眼睛不美，即使其他部位再美，也会使整个人看起来失色。而如果眼睛明亮动人，那么其他部位即使差了些，也照样可以留给别人美的印象，因此，眼睛的美化是不可忽视的。要想拥有一双迷人的眼睛，就应当对眼睛进行特别的保护，不但使它美丽，而且使它健康。所以，迷人的双眼需要外护和内养结合。除了化妆之外，基本的保养也是不可或缺的。

1.外护

如果说眼睛是心灵的窗户，那么我们的眼睑就是它独一无二的窗帘，为眼睛提供保护和清洁作用。所以说，眼睛的保养，在很大程度上是指对眼部皮肤的护理和滋润。眼部周围的皮肤皮脂腺非常少，所以是最纤薄、最敏感的，很容易处于缺水状态。想保持眼睑的平滑明净，要重视补充足够的水分。

每天早晚的眼部护理程序，尤其是在干燥的季节里和干燥的环境下更不能忽视。在早晨，轻柔的啫喱状眼部净化露、凝露是年轻肌肤最理想的选择，而在晚上可以选择更富有滋养以及修复作用的眼部精华液和眼霜。还有定期做眼膜能使眼部肌肤重获生机，让眼睛时刻如秋水般澄澈明净。

2.内养

眼睛是对光线最敏感的器官，紫外线对眼部肌肤的伤害当然不用多说，同时，过多的强光刺激还会增加患白内障的概率。要养成在明亮的光线下戴太阳镜的习惯，这在保护眼睛的同时，也有效防止因眯眼而形成皱纹。

眼睛明亮与否，与营养有密切的关系。一般而言，眼睛出现混浊的人，多是由于过多吃肉类、细粮类等食物，而淀粉、鲜果、蔬菜等食物摄入太少。宜多吃有利于眼睛健康的食物，例如鱼类、动物肝脏、橙汁等。

睡眠适量充足、精神愉快、身体健康，可以使眼睛自然有动态美。睡眠前若能够用洗眼液洗眼一次，也是最有效的美眼方法。用洗眼液来洗涤，一方面可将眼妆残留和蛋白分泌物清除，同时由于洗眼液含有的各种营养成分，还会缓解眼睛干涩，补充眼部水分。

想要拥有闪亮迷人的眼睛，就行动起来吧，外护和内养一个也不能少。

清新的口气让你信心倍增

如果你跟另外一个人讲话，他（她）忍不住掩鼻或憋气，你感觉很不好受吧！口气清新是形象修炼过程中必上的一课。

口气不清新，会让你的自信心大打折扣，而且也大大影响你在他人心目中的形象。如何摆脱这样的尴尬呢？下面教你一些清新口气的技巧。

要防止口臭，就必须了解口臭的原因是什么，这样才能防患于未然。医生告诉你，有95%的口臭是从口部开始的，然而肠胃炎、呼吸道问题以及其他一些生理上的疾病，如糖尿病、肝病以及肾脏方面的病变等也可能导致口臭加重。

为什么每天起床的时候，口气特别难闻呢？因为一夜睡眠，人体分泌的唾液很少，这时需要更多的唾液来消灭嘴里的细菌。嘴里的细菌遇到氧气后，会发生化合作用，从而产生硫化物，散发出类似于臭鸡蛋的味道。因此，当你起床后一张开嘴，就会有难闻的味道散发出来。

另一种导致口臭的物质是糖性物质。细菌存活在由糖性物质构成的环境里。大量的糖性物质被分解后，会起到清洁口气的作用。然而当这些糖性物质被分解后，会在口腔中残留下酸性物质。

还有酸性饮料，比如咖啡。酸性饮料会产生一种非常适于硫化物生长的环境，而这种硫化物正是细菌所喜爱的。如果你喜欢吃乳制品，那么你会发现你的口气不再清新。因为高浓度的硫化物蛋白质残留在口腔内，被细菌分解后会导致口臭。

通常，鼻炎、咽喉炎或患有慢性胃病的人都会有不同程度的口臭。

牙龈肿胀并且发红，说明你可能患有牙齿疾病，这也是导致口臭的重要原因之一。

那么，如何才能消除口臭呢？

起床后，先空腹喝一杯用两片柠檬冲泡的温水，柠檬有使口气清新的作用，温水可以促进肠胃蠕动，帮助身体新陈代谢。

早餐过后，会有一些食物残渣留在口腔及齿缝中，尤其是习惯在早餐喝酸奶的你，更不要省略掉饭后漱口这个步骤。否则在公车上、在公司里，你都会成为不受欢迎的人。

跟客户通电话，向老板汇报工作，与同事讨论新方案，忙了一上午，连水都没喝上一口，嘴里干干的。这时先喝一大杯水，再含一颗不含糖分的薄荷糖，口气清新了，人也精神了许多。

午饭时不可避免会食用一些有刺激性气味的食物和调味品，所以饭后刷牙是必要的，有清洁口气作用的牙膏是办公室的必备物品。

轻松快乐的下午茶时间过后，别忙着马上投入工作，用漱口水漱口。如果没有漱口水，用浓茶水代替也可以，2分钟后就可以恢复清新的口气。

晚上约了客户在咖啡厅见面，独自匆匆解决了晚饭后，没条件再刷牙，可以喷点儿口气清新剂补救。小巧的口气清新剂便于携带，可以每天放在包里，随时都可以用。只要操作方法正确，就可以保证你一天口气都清新，说话的同时嘴留余香。

牙齿不洁净，灿烂笑容也不美丽

王萍是某4S汽车店的销售人员，长得很水灵，人也勤劳认真，同事和客户都很喜欢她，再加上她聪明伶俐，凭着伶牙俐齿谈成很多生意，大家都对她刮目相看。这天，有一个亿万富翁来选购豪华跑车，店长就故意安排王萍来接待，希望她能把这个大单给拿下。王萍费尽口舌来推销，富商也听得津津有味，但是当他看见王萍笑容中露出的那一口黄牙，顿时就觉得有点儿不舒服，于是只有尽量不去看她的牙，只是低头看着车听她的讲解。最后，富翁签下了订单，走的时候，他委婉地向王萍的老板说了：“你们这里的工作人员素质不错，要是能更注重一下形象就更好了，例如保持牙齿清洁。”王萍知道后，顿时觉得有点儿难堪。

牙齿这个小细节，往往容易被自己忽视，但是却容易被别人重视。拥有一口整齐白净的牙齿不仅是整洁外表的一种表象，更会为你增添几分意想不到的魅力。

美胸让你丰满自信

运动美胸法

1.牵拉运动：采取站或坐的姿势，两臂放于身体内侧，缓慢地向两边举起，达到头、肩之间的高度后，再缓慢向前举，直到两臂快要相碰时停止；之后两臂分开，还原并使肌肉放松。如此反复慢移5～8次。

2.反支撑挺身：坐在椅上，两臂撑于椅两侧。上体后靠，重心移至手臂，同时两腿伸直，臀部紧缩向前提髋，抬头挺胸，使身体成直线，持续5秒钟，还原。注意自然呼吸，两臂和身体均伸直。

3.挺胸运动：跪立，两臂自然下垂。上体后移，臀部坐在脚跟上，同时呼气。两臂胸前平屈，手背相对，手指触胸，含胸低头。然后重心前移，挺髋，上体立起，同时吸气，两臂肩侧屈（手心，五指张开），抬头挺胸。反复进行此项动作。

4.俯卧运动：俯撑，双脚分开与肩宽。上体下压，两臂弯曲置体侧，使上臂与地面平行，然后吸气，两臂用力撑地，将肘关节伸直，同时抬头挺胸，还原成预备姿势，呼气。每次尽力重复数次。

5.仰卧运动：仰卧在床上或长椅上，双手握哑铃，两臂平伸，依靠胸肌收缩力直臂上举，然后放松还原，每分钟重复做20～30次。

6.床上运动：俯卧于床边，将胸部伸出床外，然后上半身抬起，双手交替做“划水”的姿势。每分钟10～15次。

传统法美胸

1.饮食清淡：不偏食、不挑食，合理摄取营养是预防乳腺疾病的有效手段。

2.坚持哺乳：不进行或不经常进行母乳喂养的女性患乳腺癌的概率要高于与之相反的女性。一些女性为了体形美等因素，不愿用母乳喂养孩子，结果使激素分泌加快，导致各种妇科疾病的发生。哺乳时间在8个月左右，是不会影响乳房健美的。

3.顺应自然规律：城市女性的西方化问题引起全社会的关注，为减少罹患乳腺疾病及妇科疾病的机会，女性应顺应自然规律，不要滥用嫩肤美容、丰乳产品。丰乳霜、丰乳膏确实能使乳房有所增大，但效果并不持久，而且它们大多含有雌性激素，会引起色素沉着、黑斑、月经不调、乳腺疾病等不良反应。

4.维生素是天然美乳品：维生素E可促使卵巢发育和完善，女性应该注意多摄取一些富含维生素E的食物，如卷心菜、菜心、葵花籽油、菜籽油等。维生素B是体内合成雌性激素不可缺少的成分，富含维生素B2的食物有动物肝、肾、心脏、蛋类、奶类及其制品；富含维生素B6的食物有谷类、豆类、瘦肉、酵母等。

5.良好的姿势让胸部更动人：走路时保持背部平直，收腹、提臀；坐时挺胸抬头，挺直腰板，这样胸部的曲线就会显得更动人。长期坐办公室的女性，伏案时胸部不要与桌边贴得太近，应与书桌相距10厘米左右；睡觉时以侧卧为好，且左右轮换侧卧。

6.文胸大小、质地要合适：正确选择适合自己的文胸，可以起到衬托、固定乳房的作用，从而避免因乳房过分摇动而引起韧带松弛、下垂甚至病变。选择文胸时应注意自己的体型以及乳房大小，同时还要观察文胸的材质，选择大小适中、透气性好的材料，一般主张选择棉布或真丝面料的文胸。

第八章

不要只穿贵的，气质女人只穿对的

学会用衣服来掩饰臀部的缺陷

李文是个非常爱美的人，对穿衣打扮十分讲究，家里的衣柜里塞满了她购买的衣物。一个周日，她要去参加同学聚会，大早上起来就开始翻箱倒柜地搭配衣服，想穿得漂漂亮亮的，在同学们面前保持以往的风光。可是，她试了二十几套衣服，还是觉得自己穿衣显得很臃肿，她看了又看，想了又想，终于发现是臀部下垂的原因导致她穿上以前的这些衣服没有了以往的光彩。看来身材变了，衣服也得跟着变了，不然怎么看都不顺眼。

和李文一样，很多女性，特别是职业女性，因为久坐和年龄的增长，臀部会有不同程度的下垂。臀部下垂的人一定要知道如何用衣服来掩饰不足，让自己更加精神有型。

臀部下垂者可利用短圆裙和阔褶的长裙拉长身形线条，也可以利用深色无花样的长裙和格子裙掩饰缺点，还可以选择穿有后袋的长裤或短裤。

利用裤子后面的口袋及皮带来掩饰，可以将上衣束入有后袋的裤子，并以深色的皮带束着，这样会看起来有立体感。

选择裙子掩饰臀部时，阔褶的长裙最为理想，上衣则选择同一色系的服装。这款组合整体轻便，显露出时髦。

贴紧臀部的窄裙、直筒裙，不适合臀部下垂者穿着，而摇曳生姿的及膝圆裙才是最佳选择。

用衣服包装自我，用自信打动他人

美国的心理学者雷诺·毕克曼做了以下有趣的实验：在纽约机场和中央火车站的电话亭里，在任何人都可以看到的地方，他放了10美分，等到一有人进入电话亭，约2分钟后敲门说：“对不起，我在这里放了10美分，不知道你有没有看到？”结果退还钱的比率差异较大，询问者服装整齐时占77%，而询问者衣服较寒酸时则占38%。

因此可以看出，衣服在一定程度上决定了别人对你的印象和态度。一套得体的服装会带给你自信，从而使别人更愿意与你交往。着装影响别人对你的印象，同时还直接反映出一个人的修养、气质与情操，它往往能在尚未认识你或你的才华之前，向别人透露出你是何种人物。因此，在这方面稍下一点儿功夫，是会事半功倍的。

所以，学会用服装来包装自我，选择带给自己自信的优质服装，不但可以掩盖身材的不足，还可以衬托形体的优势，并在心理上消除由于对外表不自信带来的焦虑。优质的服装还调整穿衣者的态度，它有强烈的暗示作用，让人在心理上提示自己表现得要如同自己的服装一样出色。另外，它还能够增加着装人的成就感，让你表现得自豪、沉着、优雅。

因而，你不一定穿自己喜欢的衣服，但你一定要穿让你自信的衣服，它绝对会在很多层面上影响你的工作、你的生活。穿着自信的衣服时，你在3秒钟之内可以抓住别人的视线；如果抓住别人的视线，你在3分钟之内才可以得到别人的注意；如果你得到了别人的注意，才有后面30分钟跟别人交谈的机会。所以，每天出门的时候，你要先照一下镜子，看看自己有没有穿着吸引别人的服装。

衣着对一个人的影响非常大，一个不讲究衣着、对衣着缺乏品位的人，人际关系也势必会受到影响。因此，你若想有个好形象，从现在起，请立即注重你的衣着。用衣装来包装自我，用自信来打动他人。

让身高不再是美丽的距离

很多人为自己长得矮小而烦恼，他们认为身材矮小让自己与美丽产生了距离。其实个子矮小的人完全可以凭借衣服让自己看起来更高些，而完全不必为此烦恼。掌握了下面这些穿衣方法，你就能显得更高，更有自信！

1.穿对颜色就显高

一般来讲，浅色比深色显高，暖色比冷色显高，艳色比浊色显高。从人对色彩视觉感知和心理感知方面来讲，浅色、暖色、艳色都是膨胀色，深色、冷色、浊色都是收缩色。所以，个子矮的人应多选择穿浅色、暖色和艳色的服装，尽量回避深暗、灰浊的色彩。并且全身服装色调最好相同或相近，这样可以修长身形，如果色彩搭配对比太强烈，个子就会显得矮。上下身不同颜色的衣服也可以穿，但要注意颜色面积的比例，上下身颜色的面积比例以2：3或3：2为宜。最好上浅下深，把别人的注意力引向头部或肩部。

同色的鞋和袜，或式样简单、狭长的裤子可使腿部看起来修长，以增加身体高度感。高跟鞋的式样宜斯文大方，丝袜不宜过花、过浅。

2.选对款式就显高

个子矮的人在选择上衣时应避免选择过长、过于复杂的款式，简洁大方的短款或不到膝盖的直线条小长款能起到拉长身段的效果，让你看起来干练而不拖沓。选择裤子时最好避免过于肥大的裤型，选择直筒裤或小微喇，采用短衣配长裤，就能在视觉上起到拉长腿型的效果。还有一个小细节要注意，裤袋的开口应尽量以纵切线或斜切线来代替横切线，因为纵向线条会显高，线条越少越显高，而横切线往往会显矮、显胖。

如果你喜欢穿裙子，裙子的长度很重要，最好不要超过膝盖，太长的裙子会显得更矮。若穿衣裙套装，上衣或外套的长度最好在臀部最宽处3厘米以上，或刚刚长及腰部，这样会使人看起来较高。裙子上千万不能有印花或绣花等，以免穿上后显得又矮又胖。

3.挑对面料就显高

个子矮的人选择服装面料以光滑平整为佳。服装式样也应尽可能简单，但一定要制作精致，上装的腰线可以略微提高一点儿。衣料可选择柔软贴身的那种，使你有种颀长的感觉。衣料的图案、花纹宜小而碎，颜色不必太抢眼。

另外，单襟、直褶都适合矮个子的人。而脚花、带子缚上足踝的鞋子都应避免。佩戴的珠宝饰物也不宜过大，而丝巾或领带会使人看起来文雅而修长。

记住，个子矮的人只要懂得一些服装的搭配方法，保持自信与苗条身材，一样可以吸引别人的目光。

女性自信着装的三大原则

我们经常说："女性可以用美丽征服世界。"这种美丽，肯定不只是长得美，而是兼含内在与外在和谐统一的美感。而外在表现最直观的就是女性的着装。

当今时代，是崇尚自由的时代，这种自由，也渗透到了穿衣打扮之中。但是，这并不是说我们就可以随便着装了，在必要的场合，遵循着装的基本原则还是必不可少的。如果我们遵循了着装的这些原则，不仅可以使我们看起来更加得体，也会使女性更加自信。下面，我们就介绍一下女性着装的三大原则。

1.季节与着装色彩的搭配原则

一年四季，严寒酷暑，不停地变换。为了保持体温，我们的服装也会随着发生变化。但是，不同的季节，着装的色彩也要遵循一些基本的原则。

（1）春秋

春季是万物复苏的季节，因此，这个阶段的着装应采用暖色系的色彩来体现这时的生机勃勃。秋季是丰收的季节，也是一个充满诗情画意的季节，此时可采用中间色和中明度色来体现秋天的成熟。

春秋季节是服装种类最多、没有什么特殊限制的季节，我们可以根据自己的特点和爱好来选择。在面料和款式上，柔软而有光泽的质料比较受人们的欢迎。

（2）夏季

夏天气温很高，很容易使人浮躁不安。因此，此阶段的服装色彩应以冷色、浅色为主。尤其是蓝色，能让人眼睛一亮，备感清新。蓝色与其他颜色搭配也可以相得益彰。在面料选择上，由于人体易出汗，所以应选透气性强、吸湿性好的纯棉、纯麻和丝绸面料。

（3）冬季

冬季寒冷，因此可以选用色彩鲜艳、热烈的颜色，给人以温暖的感觉。面料上可以选择保温性强的呢、绒、毛料、皮等。

2.流行与适合自己的个性相结合的原则

对于爱美的女性来说，选择当前最流行的服装是必要的。因为流行代表着充满活力、永远年轻的生活态度。但是，也不要忘了是否与自己的个性相符。

每一季流行的清单上，女人最应该注意的是哪些适合自己。女人的装束，不一定每件都是名品，但一个季节至少应该选择一套略高于自己消费能力的高档时装，这会使你自信心倍增。

高级和廉价的服装可以混着来穿。比如一些T恤衫之类的，是替代性较强的服饰，可以不必买名牌，只要借鉴一下名牌的款式和色彩就可以了，然后和自己高级的服饰搭配，这样就可以用比较少的钱穿出大牌的品位。

3.总体着装原则

（1）不要在办公室穿太紧、太透、太性感的衣服。如果穿得过于性感，只会使你看起来不专业，像个花瓶，还会影响男同事的工作。

（2）不要穿得过于男性化。

（3）不要盲目追赶时装潮流。

（4）要每天改变上班穿的裙子长度、款式和颜色。

（5）在办公室与人洽谈业务时，不要一会儿脱掉外衣，一会儿又穿上，这样会分散对方的注意力，也会给对方带来不稳定的感觉。

（6）佩戴的饰品不要太低廉、太累赘，这样会给人带来俗气的印象。首饰佩戴应该大方得体。

（7）衣服上不要喷太浓的香水，这样会使人觉得俗不可耐，并且不敢靠近。

（8）不要穿抽丝的丝袜上班。否则，你的腿形再美，也失去了和谐的美感。

（9）在穿衣打扮之前，先问问自己要和什么样的人会面，再来决定穿什么样的衣服。

（10）衣服的色彩搭配十分重要。一般而言，正式场合，不要穿色彩反差太大的衣服。

总之，合适、得体的着装可以让女性变得更加可爱、更加具有吸引力。从女性自身来说，出色的着装，可以使自己具备饱满的自信和工作热情，进而在工作和社交中给大家留下良好印象，使自己获得成功。

不合时宜的性感会削弱你的权威和信任度

过分的性感是商业会晤和事业成功的杀手，但是，不修边幅的、不在乎外表的习惯也一样是抑制女人事业发展的因素。有的女性忽略甚至完全不在乎自己的外表，常常不修饰自己，穿着质量低劣、没有风格和品位的服装就走进办公室的大门。

很多女人依靠自己的本能，选择了自己认为最得体的服装。还有很多女人在对服装进行选择时，并不考虑服装对于事业的影响，而仅仅考虑到实用和舒适。更加让人遗憾的是，当一个女人穿衣不当、不修边幅时，很少会有人直率、真诚地告诉她这样的着装会破坏她的事业发展。因此，很多兢兢业业的女人根本不知道自己的事业长期停滞不前的原因。

在我们的生活中，很少有人告诉我们女人在各种场合下应该如何着装，没有人告诉我们着装不当的恶劣后果，我们的意识中没有这样的概念：引人注目的、高质量的、有品位的外表能让别人尊重你，女人的着装反映了一个女人的能力，出色的外表对女人的事业起着推波助澜的作用。因此，很多女人并不对自己的外表付出任何努力，其结果是她们为自己的事业付出了代价。

性感的女人能吸引更多的目光，因此，很多女人都喜欢把自己装扮得性感一些，然而，并不是任何时候的性感都能取得良好的效果的。因此，女性在职业着装时，应该特别注意，不要让不合时宜的性感削弱自己的权威和信任度，损坏自己的职业形象。

提高自己的衣饰修养

巧妙的服饰搭配是女性流动的风景线。春天把女人变成欢乐明亮的女神，夏天让女人成为热情奔放的情人，秋天使女人成为风韵犹存的妇人，冬天则令女人成为冷艳绝色的美人……

但是在现实生活中，每个女人都会迷失、彷徨，“永远都缺一件衣服”更成了女人在出门前常常拿来自嘲的一句话。不过不要紧，只要你够勤奋，能真正地认识自己，并读懂服饰语言，每个女人都会变得分外美丽。

1.建立自己的穿衣风格

我们不能妄谈拥有自己的一套美学，但应该有自己的审美倾向。而要做到这一点，就不能被千变万化的潮流所左右。我们应该在自己的审美基调中，加入时尚的元素，融合成个人品位。比如，如果你只喜欢穿裙子的淑女感，也不必排斥宽腿长裤、九分裤等同样能传递出优雅感觉的裤装。融合了个人的气质、涵养、风格的穿着会体现出个性，而个性是最高境界的穿衣之道。

2.衣服要与你的年龄、身份、地位一起成长

西方学者雅波特教授认为，在人与人的互动行为中，别人对你的观感只有7%是注意你的谈话内容，有38%是观察你的表达方式和沟通技巧（如态度、语气、形体语言等），但却有55%是判断你的外表是否和你的表现相称，也就是你看起来像不像你所表现的那个样子。因此，踏入职场之后，那些慵懒随意的学生形象，或者娇娇女般的梦幻风格都要主动回避。随着年龄的增长、职位的改变，你的穿着打扮也应该随之改变，记住，衣着是你的第一张名片。

3.基本服饰是你的镇山之宝

虽然服饰的流行没有尽头，但一些基本的服饰是没有流行不流行之说的，比如及膝裙、粗花呢宽腿长裤、白衬衫……这些都是“衣坛常青树”，历久弥新，哪怕再过十年也不会过时。这些衣物是你衣橱里的“镇山之宝”、必备之品，所以选购时要注意

材质上乘、剪裁得体的衣物。多花点儿钱买件优质品，不仅穿起来好看，而且穿得时间长，绝对值得。

4.资金受到限制时务必求精

把眼光放得高些，学会挑剔，从款式、材质、颜色到剪裁、工艺……道道门槛都要过，不要因为偏爱某一个元素而忽视其他方面。如果你在买的时候就是犹豫不决的，那么几乎可以肯定，买回来后的这件衣服你肯定也很少穿它。所以，哪怕只拥有几件出色的衣服也比有一柜子穿不出去的衣服强。

5.买和自己身材、肤色、气质能够“速配”的衣服

专卖店精美的橱窗和优雅的店堂都是经过专业人士精心设计的，其目的就是营造出一种特别的气氛，突出服装的动人之处。但是，那些穿在模特身上或者陈列在货架上的漂亮衣服不一定适合你，不要在精致的灯光和导购小姐的游说造成的假象中迷失了自己。为了避免被一时的购物气氛迷惑，彻底了解自己是非常重要的基础课程，读懂自己的身材、气质、肤色，才不会买回错误的衣服。

第九章

得体的点缀，好过满身珠翠

戒指不能随便戴，小心“被结婚”或“被单身”

戒指，是很多人喜欢的饰品，也是使用率最高的配饰。很多人都戴戒指，但却不是所有人都懂戒指的含义，因此经常造成误会。

戒指的戴法不是凭空而来的，是国际上约定俗成的。西方早期医学认为，左手无名指在双手十指中有一条动脉血管直接与心脏相连，所以将代表婚姻的戒指戴在左手无名指上，进而体现出爱情的神圣地位，并流传至今。

另外，戒指一般只戴在左手，而且最好只戴一枚，至多戴两枚。戴两枚戒指时，可戴在左手两个相连的手指上，如中指和食指、中指和无名指或无名指和小指，千万不要中间隔着一座“山”。在同一只手上戴两枚戒指时，色泽要一致，而且当一枚戒指设计复杂时，另一枚一定要简单。此外，也可以戴在两只手对应的手指上。戒指是高贵的点缀，但是也可能物极必反，有些人手上戴了好几个戒指，不仅破坏了美观，而且让人感觉是在炫耀财富。

戒指是个“会说话”的装饰品，你在佩戴的时候千万要懂它的话语，不要稀里糊涂地“被结婚”或“被单身”，以免影响自己的异性缘或者给自己招来不必要的麻烦。

佩戴合适的耳环，让你的形象熠熠生辉

耳环是女性扮靓容颜最倾心的饰物，它能给女性添加知性美、可爱气或者典雅美感。然而，耳环也不是随便戴就好看的，佩戴耳环也必须有所讲究：

1.应根据脸型特点来选配耳环

圆形脸不宜佩戴圆形耳环，因为耳环的小圆形与脸的大圆形组合在一起，会强化“圆”的信号。圆脸的人应戴垂吊式耳环，因为它能起到拉长脸型的作用。不要戴极小的耳环，那会使整个脸看起来更大。方形脸也不宜佩戴圆形和方形耳环，因为圆形和方形并置，对比之下，方形更方，圆形更圆。也千万不要选择方形的饰物，或者摇摆的长形耳坠，以免脸显得更长。倒三角形脸的人应选择上窄下宽型，如三角形、梨形的耳环，使下颌略微显宽。

2.耳环的色彩应与肤色相衬

肤色较暗的人不宜佩戴色彩过于饱和、明亮、鲜艳的彩色

宝石类或者水晶类的耳环，应该选择质感和色彩相对柔和的，例如珍珠耳环。而皮肤白嫩的女士，假如佩戴暗色系耳环，更能衬托肤色的光彩。此外，耳环的色彩还应与着装色彩相得益彰：同色系搭配可产生和谐的美感，反差比较大的色彩搭配假如恰如其分，也会有富于变化的动感。

3.耳环和服装一样，要与年龄、个性和身份相符

上班时可佩戴简洁的耳环搭配套装，而夸张的几何图形、粗犷的木质耳环、吉卜赛式的大圆环等有野性味道的耳环，与休闲类的牛仔衣、夹克相匹配，可使人富有豪放的现代感。佩戴耳环还应与年龄相协调，年轻的少女宜戴多边形等造型感、动感较强的耳钉、耳环，以塑造充满青春活力、朝气蓬勃的形象，对于耳环的材料，不一定要太过苛求。而中年女性一定要佩戴有质感的珠宝类耳环，品质上乘的观感远比造型的独特更加重要。

还要注意的是，太长的耳环是不适合的。特别是在工作场合，耳环如果太长，看起来不够庄重。如果耳环在工作时会发出声音，为了不影响别人的工作情绪，应该立即取下，切忌让配饰成为你的累赘。

总之，女性只要在适当的场合佩戴适合自己的耳环，耳环就能让你的形象熠熠生辉。

完美佩戴项链，为你大添光彩

项链也是非常重要的配饰，是人们视觉的焦点。它的种类很多，大致可以分为普通材料项链（如金属材质、玻璃、琉璃等）和珠宝项链（如宝石、钻石、珍珠等）两大系列。项链是绝大部分女性的饰品，如果佩戴得当，就会给人视觉上的冲击，为你的形象大添光彩，所以女性要懂得如何佩戴项链。

1.不同的颈形应搭配不同的项链

佩戴项链的要诀是要造成视觉变化以弥补颈项的不足。脖子长的人要选择有横纹、较粗的短项链或者颗粒大而短的项链，使其在脖子上占据一定的位置。由于对比而造成的层次丰富感，在视觉上能缩短脖子的长度。脖子长而体形和皮肤都比较好的人可以走两个极端：即色彩鲜艳的和色彩比较暗的彩金项链，都会产生好的效果。

对于脖子比较短的人来说，则宜佩戴较长的项链或“V”字形的项链，因为直线条可将对方的视线由上往下引，这样就可增加颈部的修长感。佩戴细长的项链也很漂亮，如果项链下面再悬着一个钻石吊坠，就更完美了。

2.不同的服装应搭配不同的项链

穿礼服时，应佩戴珍珠项链或与礼服相称的金属钻石类项链。穿黑色礼服时，最好能搭配上三连式珍珠项链。

在项链与套装的搭配上，项链的材质、色彩、款式、质地、长短、粗细及风格等因素，都是需要重点考虑的。这些要素既要与套装的面料、色彩、款式相协调，也要与套装的职业性和整体性特征以及端庄、简洁的风格等相衬。

在穿便装、休闲装时，可以随自己的喜好，根据衣服的颜色、质地等因素，佩戴木质、陶质、石质项链，这样的搭配可以让你轻松拥有休闲韵味。领子和颈饰的边缘模糊不清，或者有相交的衣服是不应搭配项链的。与项链最配的衣服是“V”字领衣服，另外是比较大的圆领、合身的高领。穿着这类衣服时，比较容易搭配适合的项链。

3.项链的质地要与年龄相匹配

年轻人肤色红润，选用珍珠项链等，会显得平和、恬静和文雅；而如果选用五颜六色的珠宝项链则会显得神采奕奕；选择铂金项链，细细的一条就能体现出浓浓的女人味；而古拙的藏银、松绿石等质地的项链则显得酷感十足。

年龄大的人宜选择配有翡翠、钻石、蓝宝石等华贵宝石的项链来佩戴，因为这些宝石能突出一个人经过岁月洗礼后的沉稳和端庄来。如果能佩戴铂金等稀有金属制成的项链，也是不错的选择。

巧戴丝巾，彰显女性魅力

丝巾是魅力女人最女性化的饰物，奥黛丽·赫本说：“当我戴上丝巾的时候，我明确地感受到我是一个女人，美丽的女人。”

丝巾能为女性增添无限的魅力，要想使女性的妩媚、魅力通过丝巾传达出来，就要先了解一下丝巾与脸形的搭配法则。

1.圆形脸

圆脸的人，要想拉长脸部轮廓，最好将丝巾下垂的部分尽量拉长，强调纵向感，并注意保持从头至脚的纵向线条的完整性，尽量不要中断，这样脸就会显得长些。

在系花结的时候，应选择那些适合个人着装风格的系结法，如钻石结、菱形花结、玫瑰花结、心形结、十字结等。应避免在颈部重叠围系，或系过分横向以及层次感太强的花结。

2.长形脸

选择左右展开的横向系法，能展现出领部朦胧的飘逸感，并可减弱脸部较长的视觉。如百合花结、项链结、双头结等，都很适合长形脸的女性。另外，蝴蝶结也很适合长形脸女性。系法就是先将丝巾拧转成略粗的棒状后，再系出蝴蝶结。应该注意的是，不要围得过紧，尽量让丝巾自然下垂，渲染出朦胧的感觉。

3.倒三角形脸

从额头到下颌，脸的宽度渐渐变窄的倒三角形脸的人，会给人一种严厉的印象和面部单调的感觉。这种脸型的人可利用丝巾让颈部充满层次感，再系一个稍微大一点儿的结，会有很好的调节作用。如带叶的玫瑰花结、项链结、青花结等。

这类女性在佩戴丝巾时应注意减少丝巾围绕的圈数，下垂的三角部分要尽可能自然展开，避免围系得太紧，并注重花结的横向及层次感。

4.四方形脸

两颊较宽，额头、下颌宽度和脸的长度基本相同的四方形脸的人，容易让人觉得不够柔媚。因此，系丝巾时，尽量做到颈部周围干净利索，并在胸前打出些层次感强的花结，再配以线条简洁的上装，就可演绎出优雅的气质。丝巾的花结可选择基本花、九字结、长巾玫瑰花结等。

高跟鞋要穿稳当才有“范儿”

穿鞋不仅要穿得好看，穿出自己的气质，还要穿得舒服。但对大多数女士来说，很多情况下都只注重追求鞋子的样式好看，而忽略了舒适这一重要的环节。

很多女士都爱穿高跟鞋，但注意不要穿太高太细的高跟，鞋跟一般不宜超过5厘米，以免走路时东摇西摆，步履不稳，影响形象。

高跟鞋从来不是为走远路而发明的。我曾见过一位女士，走路的时候胯部的扭动极不自然，像踩高跷似的。这样一来，高跟鞋不仅没有帮助她美化形象，反而使她的形象大打折扣。所以，女士们要根据自己的情况和所在地点，选择合适的高跟鞋。即便是不喜欢穿着旅游鞋走在城市的街道上，穿上一双行走轻便舒服的半高跟鞋也是个不错的主意。

王薇因为穿高跟鞋造成了足踝扭伤。当时，王薇忙着赶车，走急了，不小心就扭伤了右足踝部，经医生诊断为外踝韧带撕裂。这是由于穿着高跟鞋，身体为了保持平衡，下半身肌肉长时间处于一种过度紧张状态，引起局部酸痛无力，极易发生扭伤，严重的甚至会造成内外踝骨折。另外，脚跟部跟腱位置受压绷紧，会增加扭伤机会，甚至引发跟腱炎。

因此，女士们应当穿一双舒服合脚的鞋子，后跟尽可能矮一些。有一些很漂亮的矮跟鞋子，穿着也很时尚。你需要这样的鞋子，因为很有可能你需要走较长的路，或者在公众场合站立相当长的一段时间。

年轻女孩大都喜欢穿高跟鞋，且为了使自己的脚看起来小一些，还爱买小号鞋穿，这样一来，脚可受苦了。而脚被称为人的第二心脏，对全身的血液循环起着重要的作用，从心脏流出的血液通过足部，又被返送到心脏。如果脚上穿了一双小得走起路来脚都发疼的鞋子，就会导致足部受压、血液循环不良，最终影响上半身的血液循环，造成肩膀酸疼。

高跟鞋在给你带来美丽的同时，也往往会给你带来一些附加的伤害，这些伤害不仅让你的身体吃尽苦头，还会影响你的形象，所以，要想穿高跟鞋既有“范儿”又舒适，就要听从医生的建议，采取以下美丽又健康的穿法：

1.女人在选购高跟鞋时，先要确定鞋底跟自己脚的弧度是否相符。脚趾前端与鞋子顶端应留有2～3厘米的空隙，鞋跟不宜太小，鞋头宜宽松，鞋跟高2～4厘米最合适。

2.选购高跟鞋的最佳时间是在下午3～4时，此时试穿几分钟，多走几步，以确保鞋子真正合脚舒适。穿新鞋要有一定的磨合期，可以先在家里穿一段时间后再穿着外出。

3.穿高跟鞋时，可在脚前掌或脚跟等受压处放个软鞋垫，以减轻脚底所承受的压力。高跟鞋的鞋跟不宜过高，最好不超过5厘米；鞋跟不宜太小，否则难以稳定地支撑体重；而鞋头宜稍宽松，给脚掌及脚趾多一点儿空间。

4.穿着高跟鞋走路时，姿势应该正确，脚尖往前伸直，臀部夹紧，上半身挺直。这样可以避免压力分布不均，从而改善腿部、足部水肿的现象，促进血液循环，远离腿部酸痛。

5.穿高跟鞋时要注意场合，避免在挤车时穿，也不宜在疾走快跑时穿，更不宜在上山爬坡时穿。而且平时不能总穿相同高度的高跟鞋，以免脚部同一处经常受到挤压。

6.在穿高跟鞋走路时，应该注意休息，可以把脚尖翘起，活动一下小腿。

7.脚指甲不要剪得太短，以防甲沟炎的发生。

爱美的女士们，不要迷恋那些跟特别高而穿起来不舒适的鞋，不如多花一些钱买几双大方、好看又舒服的鞋子，注意使它们保持良好的形状，让舒适稳当的高跟鞋给你带来挺拔的身姿和高挑的形象吧！

不要忽视袜子的搭配

很多人从上衣到鞋子都穿得很好，很有品位，给人的印象非常不错，但是一坐下来，露出鞋里的袜子时，在黑色的皮鞋里面若穿一双雪白的袜子，就会有损个人形象。

一个人的形象是非常系统的整体，你穿了不错的衣服和鞋子当然对提升你的形象大有帮助，但是要想打造完美的形象，还需要注意每一个微小的细节。一个有品位的人绝对不会在一双名牌鞋子里面穿上廉价的尼龙丝袜，也不会在穿套裙的时候配一双短的丝袜。有品位的人无论何时出现都会是一副完美的形象，没有一丝纰漏。下面就介绍一下袜子与鞋子以及衣服的搭配法则：

1.男性袜子与鞋子的配色

相信很多人对于告诫男人穿黑皮鞋不要穿白袜子的内容并不陌生，这里不再赘述，也无须追究原因了，这就好像我们穿着睡衣逛商场或者拜访朋友一样失礼。穿一套深色西服，脚踏黑皮鞋，却搭配一双白袜子在视觉上落差太大。

一个很简单的方法可以避免错误，就是袜子的颜色与裤子一样或者比裤子的颜色更深一点儿就可以了，这是一个很常规的穿法，一般不会出错。

2.女性袜子的搭配原则

现在很多女性深受影视明星穿衣打扮的影响，但是要知道，明星是在标榜个性或者是角色的需要，而你作为一个职业女性是不可以打扮得非常前卫的，否则会让别人对你的身份产生怀疑。

很多影视演员在角色中会以短装、七分裤配短丝袜的形式出现，显得活泼俏皮，而对于职业女性来说，这种打扮是不被接受的，穿着露在外面的短丝袜是职业女性搭配中的禁忌。穿套裙的时候应该穿长筒袜，穿裤装的时候就要搭配与裤子颜色相近的袜子，即使是穿短装，也要搭配短的毛线袜或棉袜，而不是短丝袜。

其实，很多搭配的禁忌都是从视觉感受出发的，就像黑皮鞋白袜子的搭配，给人的感觉就是很扎眼。所以，穿着搭配并不是什么难事，你也不必被这诸多的禁忌弄得眼花缭乱。只要不忽视袜子搭配的问题，穿好衣服站在镜前好好地打量自己一番，通常就能发现问题。

袜子搭配看似是小节，但是绝对不能忽略。因为有的时候，就是这些细节的东西破坏了你整体的形象。为了使你的形象从整体上完美，要注意袜子的搭配。

时髦不等于时尚

羽西是大多数女性耳熟能详的化妆品品牌，而它的创始人靳羽西女士更是让女人无限羡慕的女性美的代表。她既是著名的女企业家，又是著名的女主持人，她依靠自己的气质彰显独特的魅力，一本《魅力何来》更让她魅力四射。《纽约时报》称她为“中国化妆品王国的皇后”，她还是美国电视六强人之一，获得了许许多多的成就奖，影响了一代的中国人和电视主持人；同时，她更是个漂亮的、充满女人味的女人。

但是，在25岁以前，靳羽西也和那些爱赶新潮的年轻人一样，喜欢尝试新的东西，以此显示自己的与众不同。她那时赶时髦、追流行，把头发染成金色，涂蓝色的眼影。25岁以后，她才开始知道什么是使自己漂亮的东西，并给自己的衣着打扮做了定位。也可以说，她从盲目的追求时尚中进行了反省。

从此，靳羽西不再花时间和金钱去追求那些虽然流行、时尚但并不能使她变得漂亮的所谓的时髦。为了事业的成功，她需要一个成熟的、有品位的自我形象。她选择的“整齐刘海、扣边短发”的发型，使她看上去既比同龄人年轻，又保持了她内在的青春活力，尽显朴素高雅的魅力。这一发型似乎成了她的固定选择。她对流行色有独到的见解，能使皮肤白嫩、细腻、年轻、更漂亮的颜色就是永恒的流行色。在众多女性追求和崇尚西方的金发碧眼，并为自己的黄皮肤、黑发、黑眼睛感到自卑时，靳羽西却认为黑发就是美，因此她保留了黑发的黑、真的特点。她同样认为黄皮肤也是美丽肤色的一种，关键是要使这种肤色成为一种健康色，打扮的效果是要使这种肤色更美丽，而不是要改变它。显然，她的定位——新色彩、新风格和新服装使她光彩照人，她的形象设计得到了全世界女性的认可。

华丽的衣裳不一定能装扮出灵魂的美来，而朴素的衣服也不一定能掩盖住一个人的精神风采，这就是气质的魅力，它来源于精神世界的充实与丰富。

第十章

快乐是最好的化妆品

面对嘲笑，多点儿雅量

曾任美国总统的福特在大学里是一名橄榄球运动员，他体质非常好，在62岁入主白宫时，仍然非常挺拔结实。当了总统以后，他仍滑雪、打高尔夫球和网球。

1975年5月，福特到奥地利访问，当飞机抵达萨尔茨堡，他走下舷梯时，他的皮鞋碰到一个隆起的地方，脚一滑就跌倒在跑道上。他跳了起来，没有受伤，但使他惊奇的是，记者们竟把他这次跌倒当成一项大新闻，大肆渲染起来。在同一天里，他又在丽希丹宫的被雨淋湿了的长梯上滑倒了两次，险些跌下来。随即一个奇妙的传说散播开了：福特总统笨手笨脚，行动不灵敏。自访问萨尔茨堡以后，福特每次跌跤或者撞伤头部，记者们总是添油加醋地把消息向全世界报道。后来，令人不解的是，他不跌跤也变成新闻了。哥伦比亚广播公司曾这样报道说：“我一直在等待着总统撞伤头部，或者扭伤胫骨，或者受点儿轻伤之类的来吸引读者。”记者们如此渲染似乎想给人造成一种印象：福特总统是个行动笨拙的人。某电视节目主持人还在电视中和福特总统开玩笑，喜剧演员切维·蔡斯甚至在《星期六现场直播》节目里模仿总统滑倒和跌跤的动作。

福特的新闻秘书朗·聂森对此提出抗议，他对记者们说：“总统是健康而且优雅的，他可以说是我们能记得起的总统中身体最为健壮的一位。”

“我是一个活动家，”福特抗议道，“活动家比任何人都容易跌跤。”

福特对别人的玩笑总是一笑了之。1976年3月，他还在华盛顿广播电视记者协会年会上和切维·蔡斯同台表演过。节目开始，蔡斯先出场。当乐队奏起《向总统致敬》的乐曲时，他被“绊”了一下，跌倒在歌舞厅的地板上，从一端滑到另一端，头部撞到讲台上。此时，每个到场的人都捧腹大笑，福特也跟着笑了。

当轮到福特出场时，蔡斯站了起来，佯装被餐桌布缠住了，弄得碟子和银餐具纷纷落地。蔡斯装出要把演讲稿放在乐队指挥台上，可一不留心，稿纸掉了，撒得满地都是的样子。观众哄堂大笑，福特却满不在乎地说道：“蔡斯先生，你是个非常非常滑稽的演员。”

生活是需要睿智的。如果你不够睿智，那至少可以豁达。以乐观、豁达、体谅的心态看问题，就会看出事物美好的一面；以悲观、狭隘、苛刻的心态去看问题，你会觉得世界一片灰暗。两个被关在同一间牢房里的人，透过铁窗看外面的世界，一个看到的是美丽神秘的星空，一个看到的是地上的垃圾和烂泥，这就是区别。

用微笑面对一切

微笑是人的宝贵财富，微笑是自信的标志，也是礼貌的象征。人们往往依据你的微笑来获取对你的印象，从而决定对你的态度。用微笑去征服，办事将不再困难，人与人之间的沟通将变得十分容易。

现实的工作、生活中，一个人对你满面冰霜、横眉冷对，另一个人对你面带笑容、温暖如春，他们同时向你请教一个工作上的问题，你更欢迎哪一个？显然是后者，你会毫不犹豫地对他知无不言，言无不尽；而对前者，恐怕就恰恰相反了。

一个人面带微笑，远比他穿着一套高档、华丽的衣服更引人注意，也更容易受人欢迎。因为微笑是一种宽容、一种接纳，它缩短了彼此的距离，使人与人之间心心相通。喜欢微笑着面对他人的人，往往更容易走入对方的天地。难怪学者们强调："微笑是成功者的先锋。"的确，如果说行动比语言更具有力量，那么微笑就是无声的行动，它所表示的是："你使我快乐，我很高兴见到你。"笑容是结束说话的最佳"句号"，这话真是不假。

能微笑的人，就会有希望。因为一个人的笑容就是他传递善意的信使，他的笑容可以照亮所有看到它的人。没有人喜欢帮助那些整天愁容满面的人，更没有人愿意信任他们。

任何一个人都希望自己能给别人留下好感，这种好感可以创造出一种轻松愉快的气氛，可以使彼此结成友善的关系。一个人在社会上就是要靠这种关系才可立足，而微笑正是打开愉快之门的金钥匙。

用你的笑脸去欢迎每一个人，那么你会成为最受欢迎的人。

不做“复仇女神”

一个匈牙利的骑士被一个土耳其的高级军官俘获了。这个军官把匈牙利骑士和牛套在一起犁田，而且用鞭子赶着他工作。匈牙利骑士所受到的侮辱和痛苦是无法用文字形容的。土耳其军官所要求的赎金出乎意料的高，这位匈牙利骑士的妻子变卖了所有的金银首饰，典当出去他们所有的堡垒和田产，他们的许多朋友也募捐了大批金钱，终于凑齐了这个数目。匈牙利骑士终于从羞辱和奴役中获得了解放，但他回到家时已经病得支持不住了。

没过多久，国王颁布了一道命令，征集大家去跟土耳其作战。这个匈牙利骑士一听到这道命令，再也安静不下来。他无法休息，片刻难安。他叫人把他扶到战马上，气血上涌，顿时就觉得有气力了，而后向前线驰去。他把那位曾把他套在轭下、羞辱他、使他痛苦万分的将军变成了他的俘虏。

现在已经是俘虏的那个土耳其军官被带到匈牙利骑士的城

堡里，一个钟头后，那位匈牙利骑士出现了。他问土耳其军官说：“你想到过你会得到什么待遇吗?”“我知道！”土耳其军官说，“报复！但是我怎样做你才能饶恕我呢?”“一点儿也不错，你会得到报复！”骑士说，“但我已决定宽恕你，放心地回到你的家里，回到你亲爱的人中间去吧。不过请你将来对受难的人温和一些，仁慈一些吧！”

土耳其军官忽然大哭起来：“我做梦也想不到能够得到这样的待遇！我想我一定会受到酷刑和痛苦的折磨，因此我已经服了毒，过几个钟头毒性就要发作。我必死无疑，一点儿办法也没有了！”

当你宽容别人的时候，你就不会感到自己和别人站在敌对的位置，你也不会感觉到，生活中总是存在敌人，而没有朋友了。

人是群居动物，在生存的环境里，我们不可能互不干扰。如果对于每一件事情你都耿耿于怀，那么你永远也不会快乐。人生苦短，所以，年轻的女孩，不要再想着做“复仇女神”了。与其在报复的墓穴里苦苦哀叹，不如用宽容和爱填平墓穴，向快乐的生活前进。

不较真的女人更顺畅

女人的一生都与“纠结”这个词联系在一起。羡慕别人的完美身材又无法抵挡美食的诱惑；想优雅示人又怕化妆细节的烦琐；明明走到理发店却还在卷发与直发之间犹豫。用“纠结”来概括女人一生的状态，似乎一点儿也不为过。

纠结的女人内心永远也无法淡定，因为她们从早上醒来就陷入了深深的纠结之中。起床洗头呢，还是不洗头再多睡一会儿呢？左右为难的选择令女人一天都心事重重。心境无法平静，生活怎能快乐？从旭日东升中感受成长的力量，从和风细雨中感受自然的美丽，在湍波激流之下，不受侵扰，保持安宁。也许，这样的人生才是生命最为宽广的地方。

生活中，我们也许会跟自己的上司或者对手暗暗较劲，不想低头，也不想善罢甘休。事实上，喜欢较劲的人，到了最后，都是在跟自己较劲。

所以，女人别处处跟自己过不去，永远保持对生活的美好认识和执着追求。学会享受生活，才能做到更加珍惜生活、积极创造生活，这样生活中才会有奇迹出现。

腾空心灵，缓解生活的压力

有的女人在有了一些经历之后，那颗纯洁的心灵会沾染上尘埃，使原本洁净的心灵受到污染和蒙蔽。或许是曾经受过的伤害，或许是不堪回首的心理阴影，或许是某个心理陋习，或许是对金钱物质的贪婪，使她们变得麻木功利。这些都可能是存在女人内心的“垃圾”，长期堆积下去会加重心的负荷。

我们需要好好地扫除这些心灵垃圾，因为真正的宁静来自内心的平静。内心的平静是智慧的珍宝，它和智慧一样珍贵，比黄金更令人垂涎。拥有一颗宁静之心的女人，比那些汲汲营营于赚钱谋生的人更能够体验生命的真谛。

清扫心灵垃圾不像日常生活中扫地那样简单，它充满着挣扎。因为这些垃圾常被人们忽视，甚至是由于担心受到阻碍不愿主动清理。有时明知道要清理，我们又不知道怎样去做才好，想去好好整理，却又无从下手，导致越理越乱，甚至心会更痛，最终还是选择逃避，整天麻木疲倦地生活。

我们总是处于人群之中，在喧闹的人群中听不见自己的脚步声。我们总是被家人、朋友围绕着，耳边充斥着噪音、喧哗，忍受着繁忙工作、家庭琐事的无穷折磨。我们每天的神经都绷得紧紧的，得不到一丝喘息的机会。

生活中，忙于工作家庭而无暇自顾的女人，在感觉到心累的时候，找一个时间让自己静一静，清除掉心灵的垃圾，把宁静重新找回来。

如今，越来越多的人开始学习如何得到内心的平静。淡定的女人在面对工作感到疲倦、面对生活感到压力重重时，她们会调整自己的情绪，比如，可以试着多观察一下喜欢的植物、动物，思考一下自己感兴趣的问题或者只是站在窗口，忘记所有的工作，放下所有的压力和束缚，看看蓝天白云，让思维从纷繁中跳出来。

不随波逐流，闲庭信步品味人生

现代社会快节奏的工作和生活很难使我们的生活保持一种舒缓有律的节奏，就像音乐中的中速与慢板。快节奏、高压力使人经常感觉活着很累，幸福感也会大大降低。但是有这样一种女人却让自己活得很惬意，她们把一切安排得有条不紊，又有情趣，享受着当下的闲适，品味着生活中的美好。

生活节奏加快诚然是事实，但我们不能被生活困住手脚，自由的心只有飞翔才能更快乐。“宠辱不惊，看庭前花开花落；去留无意，望天空云卷云舒。”心有多大，世界就有多大，我们要追求心的闲适。

据说有一位行吟诗人，他永远都在路上，居无定所，一生都住在旅馆里。他看完了一个地方的风景，就会去另一个地方，不断地从一个地方到另一个地方，几乎每一天都在各种交通工具上或在旅馆中度过。当然，这并不是因为他没有能力为自己买个房子。他一路上观看风景，写下优美的篇章，出版了几本诗集和专著，并且深受读者的喜欢。他说自己喜欢这种生活方式，他能够从中感觉到生命的意义。

后来，他年龄越来越大了，政府鉴于他为文化艺术所做的贡献，决定免费为他提供住宅。这在别人看来无疑是天上掉馅饼的一件事，让人意外的是他竟然拒绝了。对此，他说：“有房子就要置办东西，这些就会成为我的牵挂。我不想为了一个固定的住所而束缚了自己的内心。”就这样，这位特立独行的行吟诗人，在旅馆和路途中度过了自己的一生。

他死后，朋友为他整理遗物时发现，他一生的物质财富就是一个简单的行囊，行囊里只有用来写作的纸笔和简单的衣物；而在精神财富方面，他给世界留下了十多卷优美的诗歌和随笔作品。

这位诗人的生活是简单而富有意义的。他的人生是一种去繁就简的人生，没有太多不必要的干扰，没有太多欲望的压迫，是一种简单而又纯粹的人生。我们要在现实世界中享受如诗般的生活，需要在心中辟出一块田地。一杯茶、一本书、一个阳光灿烂的下午……